教科書裡的瘋狂實驗

漫畫地球科學

國家圖書館出版品預行編目資料

漫畫地球科學：教科書裡的瘋狂實驗／朴榮姬
作；李兌勳，羅演慶繪；鄭怡婷譯.--三版.--臺
北市：五南圖書出版股份有限公司, 2022.09
　　面；　公分
　ISBN 978-626-343-218-5(平裝)
　1.CST：地球科學　2.CST：科學實驗
　3.CST：漫畫
350.34　　　　　　　　　　111012806

ZC14

教科書裡的瘋狂實驗：
漫畫地球科學

作　　者 —	朴榮姬（박영희）
譯　　者 —	鄭怡婷
繪　　圖 —	李兌勳（이태훈）羅演慶（나연경）
發 行 人 —	楊榮川
總 經 理 —	楊士清
總 編 輯 —	楊秀麗
副總編輯 —	王正華
責任編輯 —	金明芬、張維文
美術編輯 —	林鈺怡、王麗娟
出 版 者 —	五南圖書出版股份有限公司

地　　　址：106台北市大安區和平東路二段339號4樓

電　　話：(02)2705-5066　　傳　　真：(02)2706-6100

網　　址：https://www.wunan.com.tw

電子郵件：wunan@wunan.com.tw

劃撥帳號：01068953

戶　　名：五南圖書出版股份有限公司

法律顧問　林勝安律師

出版日期　2011年10月初版一刷
　　　　　2013年 1月初版二刷
　　　　　2017年 6月二版一刷
　　　　　2022年 5月二版九刷
　　　　　2022年 9月三版一刷
　　　　　2023年 7月三版三刷

定　　價　新臺幣320元

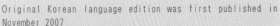

教科書裡的瘋狂實驗

漫畫地球科學

文 朴榮姬｜圖 李兌勳 羅演慶｜譯 鄭怡婷

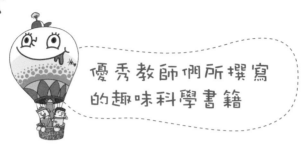

優秀教師們所撰寫的趣味科學書籍

　　執筆於此系列生物篇的任赫老師，不只在促進科學大眾化活動方面投入心力，也是一位指導學生有佳的好老師。我們的研究團隊進行科學教師專門性研究，曾經拜託任老師給予我們觀摩他上課情形的機會。事實上，讓別人觀摩自己上課並不是一件容易的事，所以當初拜託時特別小心，而任老師也很欣快地就答應了我們的請求。

　　任赫老師認為上課時引起學生的興趣跟理解是非常重要的，並且一邊與學生們熱烈互動，同時也注意他們的反應。上課時學生們積極的參與及激烈的討論，不但非常有活力也很有秩序。對於之前在許多科學課裡觀察老師普通知識的我們來說，任老師的講課使我們產生了各式各樣的想法。

　　看著這次老師執筆的新作，同時覺得這本書完整地反映出老師對學生的用心。學生們對新奇的主題有興趣且對於有興趣的問題會主動去解決，可誘發學生們學習的內在動機。但是不論主題有多麼新奇，如果內容超出了學生所能理解的水準之外，學生很難對該主題有持續的興趣。這本書使用了學生所熟悉的漫畫來呈現，讓學生們可以很容易理解問題的狀況，且在各個地方使用了對理解有幫助的圖案來吸引學生的興

趣。除了那些部份之外，在每階段會依據學生理解的程度，提出學生可能會產生困惑的內容。我們認為這是老師利用多年來指導學生的經驗及能力所得來的成果。

事實上，以兒童或青少年為對象的科學漫畫或圖畫書近幾年十分常見。學校裡學的科學遭受既生澀又無趣的批判時有所聞，此書在提高學生的興趣且與學生們親近的方面做出了許多考量。但並非利用漫畫或圖畫來表現，就一定能讓所有學生感到簡單且有趣。再者，即使以活動、圖畫及漫畫等有趣的方式來表現自然現象，能否忠實呈現科學現象、是否確實對學生的理解有幫助也值得疑慮。

然而，這套叢書採用漫畫及圖案編排，並非單純只為引起學生的興趣，或是為了遮掩無趣的內容說明才使用這方式。本書的漫畫及圖案除了當作說明的功用之外還包含其他用途。在每個主題中所呈現的詼諧漫畫，是學生們透過想像力進行實驗或活動的內容，可激發學生好奇心的同時也促使他們提出許多跟特定現象有關的問題。

這套叢書與其他書籍最大的不同，它是以漫畫來刺激學生想像力！還有，在前一

階段提示的疑問，都會盡量讓學生在下個階段的單元裡得到解決。學生們看了瘋狂實驗漫畫單元之後持有疑問，在『老師，我有問題！』單元則有扼要的說明以解答，這裡看到的問題當然不應該是撰文的教師們教條式的問題，而應該真的是『學生的問題』，這一點極其重要。這個部分我認為應該是只有了解學生內心世界的優秀教師，才做得到的吧！

　　接著的下一階段，則是和理論相關的實驗活動用漫畫形式呈現，讓學生們可以試著親手做實驗。在這裡，可以預想前面所學的理論會以何種現象實際出現，透過實驗的操作進行確認，以求理論與實驗互相連繫一起。

　　最後的『背景知識』階段，是說明和主題相關的日常生活中的科學現象，配合學生們的興趣與理解水準，有助於增加學生理解的廣度與深度。

　　如同《教科書裡的瘋狂實驗》這系列叢書的名稱，此書跟在學校裡所學的科學有密切的關係。舉個例子來說，跟教科書相比，這本書除了利用圖片、漫畫、文字等多樣的形式之外，也利用在學校自然科學課中被認為重要且再三強調的實驗活動來與理論相互應。除此之外，也將學校課堂所強調的實驗與理論相結合，而書中多樣化的內

容補充足以滿足學生的好奇心，相信一定能提升學生對科學的興趣及理解程度，衷心向所有學生推薦此套叢書。

——金姬伯（김희백）（首爾大學師範學院生物教育系教授）

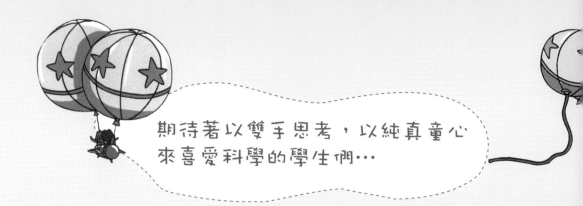

期待著以雙手思考，以純真童心
來喜愛科學的學生們…

　　從事多年的教職生活，在心中一隅總有個未知的遺憾及欲望刺激著筆者。而這種感觸在女校裡任教時感受更大。筆者在心中留下的遺憾及欲望是指無法將自己所體認到的科學趣味跟必要性充分地傳達給學生這件事。緊湊的學校課程及為了追趕每年緊迫盯人的考試進度，是筆者的能力無法解決的現實面難題。

　　但出版社sumbisori讓我得到如降甘霖令人喜悅的提議。而那時就是接到「讓我們一起寫本能讓學生了解科學趣味及本質的書吧！」的提案的那一瞬間。因此將這好消息告訴了「新奇科學教師團體」（신나는 과학을 만드는 사람들）研究會員中，曾一起活動且跟筆者一樣懷有相似夢想的三位老師。他們欣然答應了這件不簡單的事，且為了要做出好書不辭辛勞的努力到最後。朴榮姬（박영희）、梁銀姬（양은희）及崔元鎬（최원호）老師的功勞這書才得以出版。

　　科學是和人類生活共同誕生的，對人類生活有很大的影響。因為這樣，科學存在著許許多多的故事。例如，學生們愛看的電影或者日常生活，當中也隱藏著科學，若要舉例是多到數不盡的。而本書出版的目的，就是去找出那些隱藏的科學，讓一些不喜歡科學的學生們能夠摒除對科學的偏見，並走進科學。在這套叢書中，有些看似誇張甚至荒唐的實驗，卻是能夠激發想像力的有趣實驗，目的也是要讓學生能對『科

學』引發好奇心。

　　包括筆者在內的四位老師，都是教職經歷豐富的老師。所以在展現學生們喜歡且感興趣的主題時，都很清楚會發生什麼事。『預想』可說是科學的本質，除了預想，還有觀察、解釋，這些過程之中隱藏的真正趣味，應該就是被科學的華麗與神奇吸引而想用眼睛和耳朵去注意的態度吧。所以這套書籍提示了實際的實驗與理論，希望學生們可以嘗到科學本質的滋味。而且也企盼能藉此補充學校教育課程的不足。我們應用了在學校多年教育學生的經驗，讓初次接觸實驗與理論的孩子們能夠看到有趣且容易的科學解說。使得學生們在閱讀這套書籍時，可以輕易就看懂有深度的科學知識。

　　克勞福特・霍奇金（도로시 호지킨 Dorothy Mary Crowfoot Hodgkin）在獲得諾貝爾化學獎之後，接受BBC電視台訪問時，曾說道：「我對自己從來沒有什麼野心，我只是喜歡在這個特定的領域工作。我是沉浸實驗的實驗主義者，是個以雙手思考，以純真的童心來喜愛科學的人。我從未想過會有偉大的發現。」

　　這套叢書亦如霍奇金夫人所言，是希望能讓更多的孩子以雙手思考，以純真的童心來喜愛科學。

　　最後感謝給予這套叢書出版機會的出版社社長，以及即使過了截稿時間也寬容予

以鼓勵的總編輯，感謝兩位。還有，對於漫畫組人員詼諧精采的畫風也致以謝意。最重要的，要感謝三位老師及其家人協助老師們撥冗專心執筆，真心表達我深深的謝意。

──作者代表，任赫（임혁）

夢想當科學家的漫畫家

　　小時候偶爾在學校實驗室裡試做的科學實驗，總是令人感到神奇不已。曾幾何時，我們班男生有超過半數的志願，都說要當『科學家』。想像科學家穿著白袍，在實驗室裡製造拯救地球的機器人，還有出動機器人去打倒惡勢力、維護社會正義與安定，我們當時就是想當這樣的科學家。可是透過教科書學到的科學並不有趣，而漸漸地，我對科學失去了興趣。或許是因為這樣，我才無法成為科學家吧！

　　不知從什麼時候開始，我將科學歸為無趣的東西，雖然有此偏見，但我知道科學並非困難的學問，在我們周遭發生的事物都不難發現科學，如果整理並且發現法則，過程應該會是十分有趣的。所以我們試著將科學的四個科目（物理、化學、生物、地球科學）的主要理論與法則，繪畫出了瘋狂實驗漫畫。因為我們認為，用漫畫畫出來的瘋狂實驗說不定可以引發出真正的科學實驗。

　　我們漫畫製作組人員這次作畫，是用小時候夢想成為科學家的心情，透過瘋狂實驗，畫出了曾經想像過的一些好玩的內容。目的是希望看了我們漫畫的所有讀者能更加接近科學，進而了解科學的樂趣。

——青江漫畫工作室

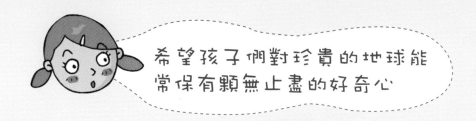

希望孩子們對珍貴的地球能常保有顆無止盡的好奇心

所謂的地球科學是指研究大氣、水、岩石、生命、宇宙、環境等廣大領域的學問。是探究它們之間互相有著何種關係，對過去、現在與未來作時間性及空間性的學問。地球是美麗宇宙的一部分，對於我們來說是很珍貴的，因此我們更要研究地球並尋求人類生活的正確方向。

許多學生想知道神祕宇宙的一切，夢想著搭乘太空船進行一趟宇宙之旅，也有學生對古代恐龍感到好奇而嘗試觀察、研究恐龍的腳印。再者，也有許多學生對下雨或下雪等氣象現象很有興趣。另一方面，也有學生會對地球遭受汙染後產生的異常氣候感到擔憂。還有，當別的國家發生了地震，那些受災的居民家破人亡，想必也有很多學生看到這畫面後，會一邊感到難過也一邊思考「地震為何會發生？」。地球科學是研究各種領域的學問。而至今仍有許多學生無法利用地球科學的角度來準確觀察各種現象，因此如果對地球科學有興趣的學生讀了這本書後能夠豁然開朗的話那真是感到萬分高興。

地球科學這個神祕未知的學問還有許多需要探索的部分，而且研究珍貴的地球不僅是一個有意義的學問，跟朋友聊天時也可以因此大開話匣子呢！

希望各位讀者能繼續對地球科學懷抱夢想並認真學習吧！

地球科學目次

★〈瘋狂實驗〉撰文的老師們

我是梁銀姬（양은희）！
我是任赫（임혁）
我是朴榮姬（박영희）
我是崔元鎬（최원호）！

物理　梁銀姬老師
畢業於韓國梨花女子大學的科學教育與物理學系，曾經任教於首爾月谷國中與首爾上新國中，擔任科學教師。目前在首爾延曙國中擔任科學教師。在學校致力教導學生思考生活中的科學與前瞻未來，透過實驗來了解科學的原理。著有《和比爾叔叔一起做實驗》（合譯）、科學雜誌《科學少年》的實驗問答單元、《聲音在動》等書。目前為〈新奇科學教師團體〉的研究會員，〈新奇科學教師團體〉是一個為了追求新奇科學、正確科學、全民科學，以科學大眾化與科學教育發展為目的而研究教科教育的教師團體。

生物　任赫老師
畢業於韓國首爾大學的師範學院生物教育科，以及該科研究所畢業，在國中任教18年，擔任科學教師。目前任職於首爾大學的師範學院附屬女子國中。期許能夠教導學生有趣活潑的科學課程，並且努力實現於實際教學。著有《生活中的原理科學—DNA是什麼》、《生活中的原理科學—大腦的重要》、《生活中的原理科學—人體的小宇宙》（Greatbooks出版），並著有高中生物教科書《生物Ⅰ，Ⅱ》(共同著書)，編著《走向教室的愛因斯坦》(共同編著)、《人體柔和的齒輪》等書。目前為〈新奇科學教師團體〉的研究會員。

地球科學　朴榮姬老師
畢業於韓國首爾大學的地球科學教育學系，在國中任教16年，擔任科學教師。目前任職於首爾大旺國中。一向致力開發科學教育的活化課程，在教育學生時力求所有學生都能有趣且簡單學習科學教育，指導過眾多科學班、科學英才班、發明班、科學社團等活動。目前為〈新奇科學教師團體〉的研究會員。

化學　崔元鎬老師
畢業於韓國首爾大學的師範學院的化學教育科，以及該科研究所碩博士畢業，在高中任教10年，擔任化學教師。目前任職於韓國教育課程評量院，努力使學生學習的科學能再更有趣而且有益。編著《喝甜甜的水》、《混和協調的化合物》、《萬物的圖像—元素》，著有《Who am I?》(共同著書)、《小小烏龜見到的大海》、《熱呼呼的熱移動》以及新世代高中科學教科書《化學》(共同著書)。目前為〈新奇科學教師團體〉的研究會員，特別期望喜愛科學的學生們可以透過科學社團的活動，以熱忱來探求科學的神奇。

★〈瘋狂實驗〉繪圖的老師們

張惠鉉
(장덕현)

鄭喆
(정철)

李兌勳
(이태훈)

羅演慶
(나연경)

姜俊求
(강준구)

物理　張惠鉉老師
2005年畢業於韓國青江文化產業學院的漫畫創作科，之後進到青江漫畫工作室開始從事漫畫的工作。2006年參與製作了天才教育優等生漫畫全科、6年級的科學漫畫、3年級的社會漫畫。此外，於各大媒體發表過許多插畫與繪圖。也在青江漫畫歷史博物館的第五屆企劃展〈漫畫加展〉中發表過數位漫畫，並參與『我們漫畫年代』所主辦的漫畫之日企劃展〈漫畫的發現展〉。曾擔任城南Savezone商場的漫畫教室講師，教授國小、國中、高中生學習漫畫。

生物　鄭喆老師
1998年開始在漫畫雜誌〈OZ〉連載漫畫，成為漫畫家。之後在〈朝鮮日報〉、〈Woongjin熊津Uni-i〉、〈Woongjin熊津思考小子〉等報章雜誌連載漫畫。單行本則有〈eden〉（新漫畫書出版）、〈青兒青兒睜開眼〉（青年史出版）、〈哇啊！漢字畫出了風景畫耶！〉（Booki出版），出版了多種漫畫與童話書。而且也參與製作電影〈鬼來了〉的開場動畫。目前在兒童通識漫畫雜誌〈鯨魚說〉連載『工具的歷史』單元，於青江文化產業學院教授『漫畫演出』的課程。在〈生物篇〉擔任製作監督與代表作家，其他工作人員分別是：白得俊負責架構與畫筆作業，黃永燦負責描圖，李富熙負責著色。

地球科學
李兌勳老師
2006年畢業於韓國青江文化產業學院的漫畫創作科，之後進到青江漫畫工作室開始從事漫畫的工作。2006年參與製作了天才教育的教科書漫畫5年級篇，並且參與〈小星星王子的金融旅行〉的描圖與後半部的作業。2007年於CGWave公司開發肖像產品，進行了李舜臣、張保皐、王建等韓國偉人的肖像繪圖作業。

羅演慶老師
2006年畢業於韓國青江文化產業學院的漫畫創作科，之後進到青江漫畫工作室開始從事漫畫的工作。在Daum主辦的徵畫大展以〈勞動者的口罩〉獲選為佳作，2005年青江漫畫歷史博物館的第五屆企劃展〈漫畫加展〉中發表過數位漫畫，並參與『我們漫畫年代』所主辦的漫畫之日企劃展〈漫畫的發現展〉。2006年參與製作了天才教育的教科書漫畫〈5年級社會〉篇，三成出版社的寫真編輯漫畫〈朱蒙〉擔任繪圖人員。

化學　姜俊九老師
2004年畢業於韓國青江文化產業學院的漫畫創作科，之後進到青江漫畫工作室開始從事漫畫的工作。發表的作品包括〈青少年的科學漫畫〉（bookshill出版）、〈漫畫十二生肖故事〉（geobugi books預計出版）等書，並參與製作了天才教育的教科書漫畫。此外，曾在韓國經濟電視、Science all、一百度C等各媒體發表插畫。

青江漫畫工作室，是由青江文化產業學院的漫畫創作科的教授與畢業生所組成，漫畫企劃與創作的專業工作室。曾經製作過天才教育的教科書漫畫、三成出版社的寫真漫畫、與geobugi books共同企劃的漫畫雜誌書出刊、bookshill出版社的教科書漫畫、遊戲漫畫等，參與過各種繪圖作業，並且企劃與製作各種作品。（詢問：enterani@ck.ac.kr）

☆〈瘋狂實驗〉的小單元

教科書教育課程

標示出該主題所對應的教科書課程，能夠實際輔助學校課業的內容。

瘋狂實驗漫畫

這是假想出來的幽默瘋狂的實驗，可以激發對於該課程的好奇心。

這種假想出來的內容，等於是種觸媒的角色，以觸發兒童或青少年產生好奇心與想像。越是有趣無厘頭，越能觸發想像。所以，且讓我們和孩子們一起隨意想像出實驗吧。

理論

概念整理內心裡的好奇心。

荒唐漫畫令人引發好奇心之後，心裡頭有了千奇百怪的想法，這時最需要概念整理或透過重要理論來統整，以解答好奇心。科學理論並非死背，而是可令人滿足好奇心的驚人內容。

‧筆記超人

將理論由繁入簡，羅列整理，有助於理解理論。

‧這只是常識而已～

日常生活之中看起來理所當然的小事，存在著許多的科學知識。

教學實驗室

理解理論之後，就可以進行教科書實驗，成為小小科學家。
在瘋狂實驗漫畫單元雖然就能大略推想出理論，但是透過教科書漫畫，可以更加快速理解該理論，更具體應用理論。

生活中的知識

不像『科學』的有趣背景知識
科學的兩個重點是實驗和理論，用實驗與理論去理解內容後，再加以補充日常生活中存在的大大小小的科學知識，增加科學本身的趣味性。

·老師，我有問題！
對於該主題的理論，孩子們常會提出各種千奇百怪的疑點，在此單元可以輕鬆得到解答。

·大家聽我說
藉由科學家來解釋該主題理論的相關說明。

1. 火山與火成岩　　火山與岩石
地殼的物質：火成岩

在煉鐵廠裡可以做出火成岩嗎？

煉鐵爐跟火山的溫度兩個其實是差不多的喔!

嗯…連最會讀書的鋒玖都這麼說了,似乎真的是那樣耶!

嗯…原來是那樣喔!

那麼既然煉鐵爐跟火山溫度差不多的話,用煉鐵爐也可以做出花崗岩嗎?

這個嘛…如果真的可以的話,那應該要放入某些岩石或礦物吧?

啊!我想到一個好方法了!就這麼決定了!

決定什麼?

在煉鐵爐裡隨便放一些小石頭進去看看會怎樣

天哪!別鬧了~

花崗岩與玄武岩是怎麼形成的呢？

花崗岩與玄武岩都是岩石的一種。首先，我們先來整理一下岩石有哪些種類吧！岩石分成由泥土、沙子、礫石等沉積物堆積起來後變硬的沉積岩；由岩漿或熔岩變硬產生的火成岩；還有沉積岩或火成岩受到熱或壓力的影響使本質改變而形成的變質岩。

玄武岩

花崗岩

沉積岩、變質岩，還有火成岩當中的花崗岩及玄武岩，均是因火山活動而形成的火成岩。

火山如果爆發的話，岩漿會噴到地表上，此時岩漿在火山外頭地表上變硬的岩石稱作玄武岩，而在地底下慢慢變硬形成的稱作花崗岩。

 ## 花崗岩與玄武岩有什麼不同呢？

花崗岩跟玄武岩雖然都是火成岩，但在許多方面其實不太相同。首先，從生成過程開始就有所差異了。

花崗岩是在地底下慢慢地冷卻而形成的，所以顆粒較大（粗粒質）。相反地，玄武岩是一邊快速冷卻而形成的，所以顆粒較小（細粒質）。再來，玄武岩有許多洞。這是因為岩漿往火山外噴出去冷卻時火山氣體跑到了外面去，而這些氣體跑出去的地方變硬後就形成了許多洞。這些洞可以說是玄武岩的特徵（但是也有玄武岩是沒有洞的）。

還有，玄武岩大致上顏色較深且暗，而花崗岩的顏色較明亮（白色、粉紅色、亮灰色等）。

韓國也有很多由玄武岩或花崗岩組成的地方。

在北漢山、月出山、俗離山等山裡面可以看得到許多花崗岩，而在漢拏山、白頭山、鬱陵山、獨島上則可以看得到玄武岩。

老師，我有問題！

在我們日常生活中是如何使用花崗岩與玄武岩的呢？

原來這是用花崗岩做成的啊！

雕刻石像

石塔

石碑

原來這是用玄武岩做成的啊！

濟州島哈魯邦石神像

石磨

柱腳石

筆記超人

1. 火成岩：岩漿或熔岩冷卻後變硬的岩石
2. 火成岩的種類
    ①火山岩：岩漿在地表上快速冷卻
        （例：玄武岩、安山岩、流紋岩）
    ②深成岩：岩漿在地底深處慢慢冷卻
        （例：花崗岩、閃綠岩、斑礫岩）

製作小火山

在養樂多瓶中加入三分之二左右的發酵粉。

發酵粉不是放進麵包裡的東西嗎?

沒錯!把養樂多瓶放到盤子中央後用黏土將瓶子周圍黏住,

要把它做成像火山的樣子。

接下來在燒杯中放入食醋跟紅色顏料後攪拌,

最後將洗衣粉加水攪勻後,加入養樂多瓶中。

博士,這樣就好了嗎?

呵呵~還沒呢!還剩下最後一個步驟。

接著拿一個符合養樂多瓶口大小的漏斗插入瓶中，

把剛做好的液體倒入

嗯？！這樣就叫火山了嗎？

如果是火山的話不是應該會有熔岩在流嗎？

應該要是這種程度吧？！

如果真的是流著熔岩的火山，我們可是活不下來的喔！

這火山雖然小但能做出跟真火山相似的反應，

會有如岩漿溢出一樣，發酵粉跟食醋、洗衣粉的混合液體會沸騰然後溢出來。

我們試著把自己縮小想像看看，那麼就可以感受到火山的威力了！

哇～沒想到紅色顏料跟洗衣粉，居然製造出了真實的火山感耶！

為什麼火山會爆發呢？

越往地球中心進去，壓力與溫度就會越高。所以地球內部的各個地方（特別是地殼與地幔的上部）比較不能耐熱的岩石會熔化成液體，而形成一個屯積的區域。位在地球內部的液狀岩石稱之為岩漿，而岩漿噴湧到地面上就會形成火山。

岩漿是在地底下約50~200公尺附近所產生出來的，因為液狀的岩漿比起周圍岩石要來得輕，所以它會慢慢地往地表上去到10~20公尺深度的地方形成岩漿庫，再噴往地表。在岩漿集結的期間，先前熔於岩漿裡的氣體會上升到噴火口下方漸漸地堆積起來，而如果那氣體的壓力變大，位在上面的石頭或泥土之類的東西會噴湧出來。

如果我們想像火山爆發就是搖晃可樂或蘇打飲料後接著突然打開瓶蓋，而可樂或蘇打飲料會噴出來的現象，應該就可以輕易的理解。岩漿庫的氣體洩漏出去，使得壓力降低的話會使噴發現象停止。

 ## 火山爆發，會噴出什麼東西呢？

熔岩：是指地底下的岩漿噴發到地表外所形成的物體。熔岩的溫度會高達我們無法想像的1000~1200℃，而熔岩流的速度一般來說算是慢，大約時速2~3公里。

火山碎屑物（火山彈，火山灰）：指的是火山爆發的同時所釋放出的大大小小的岩石塊，以及浮石、火山礫、火山砂還有火山灰等。

火山氣體：火山活動時所噴出的氣體，雖然成分大部分為水蒸氣，但是水蒸氣之外還包括二氧化碳、二氧化硫、氫氣、氮氣以及硫化氫等氣體。

熔岩是烏龜？

因為熔岩流的速度很慢，所以當火山爆發時，若就人命災害來說，受到火災和掩埋而造成的財務損失其實比熔岩更多。史上流的最長的熔岩是1783年在冰島的拉奇（Laki）火山的熔岩，其長度達到了70公里。史史上流得最久的熔岩是夏威夷的基拉韋厄山（Kilauea）的熔岩，從1972年2月到1974年7月為止

整整共901天不停歇地一直流著。當時所流出的熔岩量大約有10萬個奧林匹克游泳館那麼多。

比熔岩還要可怕的火山碎屑物

致命的火山災害與人們在躲避火山爆發前突襲而來的火山碎屑物有很大的關係。雖然如同汽車大小的岩塊爆發造成了災害，但是最主要的災害其實來自於像雲一樣廣泛地散開而又掉落下來的火山灰。

西元79年的龐貝城（Pompeii）因為維蘇威（Vesuvio）火山的爆發而造成許多居民死亡，據說大部分的人是因為被火山灰掩埋而窒息，或是火山灰太重、被倒下的建築物埋住而死去的。

因大氣因素而往上飄的火山灰與細密的粒子往世界各地飄散，阻絕了進到地球裡的太陽能，也降低了地球表面的平均溫度。

火山的氣體讓我窒息！

火山氣體大部分為水蒸氣，但也有一部分氣體會對人類或動、植物有害。其中最為人所知的災害發生在非洲西部，1984年8月，位在喀麥隆（cameroon）西北部的莫瑙恩（monoun）湖裡釋放出二氧化碳導致37個人死亡。在那之後，在1986年的尼歐斯湖，最少有1700名的居民及3000隻家畜大量死亡，就是因為二氧化碳窒息而死所導致的結果。

2. 沉積岩與變質岩

找尋地層
各式各樣的岩石
地殼的物質

用煤炭可以做得出鑽石嗎？

因為有超人我，地球才能如此安全！

回去吧！

對了！明天是跟女超人交往第一百天的日子…

鑽石是給女人最好的禮物！

哇嗚~

天哪…

真是的…說得還真是輕鬆…超人居然這樣…

哇嗚~好帥喔！

只不過是電影而已…

喂！聰明的金博士，你覺得真的有可能會那樣嗎？

這個嘛…原本如果我們對含有高成份碳素的石炭施予高壓的話，是有可能變成鑽石，但是不管怎麼說，那只是電影，而且現實生活中也沒有超人存在…嗯？但是…

喃喃自語

啊！好像可行喔！

哇賽！真的假的？

用尚守你那硬梆梆的頭，還有…

敏智那有如怪力般的力氣…

敏智把拳頭靠在尚守頭的太陽穴上

滿腹疑惑

怎麼有點奇怪…

使勁！

啊啊啊！痛啊～！

啊啊

啊啊

壓力更加強的話…

如何？

痛到快要死了啦！

暴怒!!

就是那樣！現在已經從笨腦袋變成鑽石了耶！

就像這樣

沒想到跟石頭一樣笨重的腦袋，居然可以蛻變成為可承受任何外來衝擊的鑽石！我好像真的是個天才…嗚嗚～

這傢伙！

要你好看

33

沉積岩是如何形成的呢？

　　所謂的沉積岩，是指沉積物（碎石、砂子、黏土等）被運送到一個地點堆積起來，經過壓實且變硬後而形成的岩石。

　　沉積岩的最大特點是具有層理且留有化石。

　　再者，因為是從地球表面形成的關係，透過沉積岩可以了解當時被堆積的地理環境，也可以區分出地層的上層與下層。

變質岩是如何形成的呢？

　　變質岩是指一些岩石因受到高溫與高壓作用而改變性質的岩石。因此火成岩或沉積岩也可以成為變質岩。而變質岩的最大特徵是會出現平行條狀紋路的片理或是結晶會變大。我們還可以依據變質前岩石的種類與變質的程度來將變質岩分類。

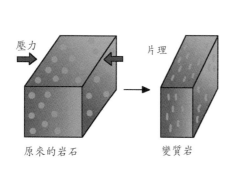

因壓力而發生的變質作用

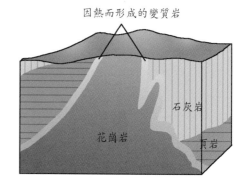

因熱而發生的變質作用

1. 沉積岩

　沉積物（碎石、砂子、黏土等）經過搬運、堆積，壓實且變硬後而形成的岩石

　①沉積岩的生成過程：沉積物的搬運→堆積→壓實作用→硬化作用→沉積岩生成

　②沉積岩的分類：依照沉積物的大小與種類來分類

　③沉積岩的特徵：層理與化石

沉積物	沉積岩	沉積物	沉積岩
碎石・沙子・黏土	礫岩	石灰質物質	石灰岩
砂子	砂岩	火山灰	凝灰岩
黏土	頁岩	鹽	岩鹽

礫岩　　　　　砂岩　　　　　頁岩

2. 變質岩

　受到高溫與高壓作用而改變性質的岩石

　①變質岩的分類：根據變質前岩石的種類與變質的程度來分類

　②變質岩的特徵：頁理與大結晶

原來的岩石	變質岩
砂岩	矽岩
頁岩	板岩→片岩→片麻岩
石灰岩	大理岩
花崗岩	片麻岩

矽岩　　　　　大理岩　　　　片麻岩

全國兒童Car賽車大會！現在位居領先的1號參賽者「智宇」繼續向前奔馳著！

哈哈！只要繼續保持下去，我就是第一了！！

喔！！那是？？

啊！這裡怎會有小石頭？

嘰嘰！！！

天…天哪！

居然因為區區的小石頭害我沒得到第一名…

如果沒有那些礙事的小石頭的話就好了！

嗯

請看~

花崗岩	大理岩	玄武岩
強硬且堅固，常用於平台、石碑、建築材料等方面	色澤美麗且柔和，常用於高級裝飾材料及雕刻方面	常用於石磨、神像及柱石上

片麻岩	板岩	石灰岩
有黑與白的條紋相間，常用於庭園石等方面	常用於硯台、磨刀石、炕板石上	與黏土混合後可製作出水泥

哇嗚~岩石種類還真多呢！

我們日常生活中使用了這麼多的岩石，居然還嫌它們礙事！

嗚嗚~即使是那樣，我還是討厭那些害我受傷的小石頭啦…

哈哈！來日方長，別氣餒啊！

恐龍時代

啊啊~~是恐龍啊！博士快逃啊！

智宇啊~快跑到時光機那邊去！

狂奔

啊啊！

吼！吼！

咻

？

哇~回到現實世界了！

咻一

呼~逃過一劫！好險現今留下的只有恐龍化石！

嗯…智宇啊！那麼你知道那種化石是怎麼形成的嗎？

不知道耶…那是如何形成的呢？

在紙盤上放上黏土且塗上凡士林後，再把貝殼形狀印在黏土上

嗚哇~石膏變硬了耶！

在那之後，將2匙水及4匙石膏在紙杯中混合，

然後倒在黏土上。

好，那麼現在將黏土拿出來看看。

好！

哇~石膏變硬後形狀跟貝殼一模一樣耶！

現在我們所做的就是貝殼的化石模型喔！

化石是什麼呢？

　　史前時代（大約一萬年前）前的生物叫作古生物，而跟古生物有關聯的所有東西，也就是身體的任何一部分、骨頭、排泄物、痕跡等即稱作化石。無法呈現古生物當時的生存構造的煤炭與石油則稱作化石燃料。

　　大部分的化石是指石灰岩還有砂岩等沉積岩在形成時，隨著沉積物一起被掩埋後所被發現的有機體。變質岩裡很難會發現化石的存在，那是因為岩石的形態與性質在變換的過程中，掩埋在原本岩石層的化石被破壞了。

 ## 電影中的科學

用假地震來找尋恐龍的骨頭？

電影〈侏羅紀公園（Jurassic Park）〉是以挖掘恐龍骨化石當作開場景的。此時爆裂物爆炸，過了一段時間後電腦畫面發出「唧唧唧」的怪聲後，埋在地底下的恐龍骨化石突然出現了。他們研究恐龍骨化石在哪個深度下會呈現哪種狀態，且小心翼翼地挖掘化石。

這項技術就是利用地震波來察看地底的「地震波探測技術」。為了以人工方式來製造出地震，利用地震波在地殼上施加震動，使用先前設置好的探測器接收訊號後用電腦來分析，就可以知道地下構造的情形。

我…我的骨頭？

到目前為止，所發現年代最久遠的岩石為何？

－NSF News

順序	發現年度	發現地點	岩石種類	生成年代
1	1991年	加拿大西北部安卡斯塔河裡的島	安卡斯塔片麻岩	39億6200萬年前（金式世界紀錄）
2	2002年	加拿大西北部	變質岩	39億6000萬年前
3	2002年	加拿大魁北克北部哈德遜灣東岸	沉積岩	38億2500萬年前
4	1971年	格陵蘭島西部的戈特哈布地區	變質岩・沉積岩	38億年前

　　科學家們認為地球的生成時期大約在45億年前，目前並沒有發現那時所形成的岩石。且推測地殼大約是在38億年前所生成的。

 ## 如何計算岩石的年齡呢？

　　岩石的年齡可以藉由使用放射線元素的絕對年代測定法來得知。

　　自然界的一部份不安定元素利用衰變來變成安定元素，這些元素稱作是放射性元素。放射性元素衰變時會釋放出放射線，此時如果準確地測定岩石裡所包含的放射線就可以知道該岩石的年齡。放射性元素具有特別的性質。放射性元素進行衰變到初始量一半為止所消耗的時間，也就是所謂的半衰期。舉個例子來說，10公斤的放射性元素衰減到5公斤為止所消耗的時間。如果是相同元素的話，半衰期常常是固定的。也就是說，4公斤要變到2公斤的時間或是2公斤要變到1公斤所消耗的時間是一樣的。元素不同的話，半衰期也會跟著不同。代表性的放射性元素有鈾、釷、銣及氫等元素。不安定的鈾（235）衰變後會轉變成安定的鈉（207）。鈾（235）的半衰期為7億年。岩石裡的鈾（235）原本有10克，而現在剩下2.5克的情形，因為經過兩次半衰期的關係則岩石的年齡為14億年。用這種方式計算地球年齡的話，那麼地球的年齡大約為45億年。

3. 地震

動物地震探測器

哇哈哈哈！

千年的宿願終於要在今天達成了！

難掩狂喜

隊長，您今年不是30歲嗎？

都準備好了吧？

好痛～

是！

但是地球該怎麼辦呢？

開啓震動裝置，
引發地震使地球
分裂成兩半。

好，那麼現在就來
開啓這完美的故事
吧！

這麼快？

按

好像沒什麼
動靜耶…

你說什麼？！

裝置到底有沒
有弄好？

別裝傻！

喂～

有…有啊

是我把那裝置
給摧毀的！

你誰…

啊！！

看招！

看拳

你這混蛋哪裡來的？

地球因為有我而得到安全！！

我，就是超人－

你是怎麼發現的？

嘿

嘻！這個嘛…動物有可以嗅到地震前兆的本能啊！

例如天鵝不想進到水裡去…

好奇怪！今天特別不想進到水裡

蛇捲曲成一團，完全不想出門

好不想出去喔！

或是老鼠一直揉臉

癢死了～

癢死了～

好癢喔！

非常老實地呆著不動!

吼～!

這就是為什麼我可以很快地知道你們的陰謀啊!

呵呵呵～

就算是這樣,你怎麼知道是我們做的呢?

這個嘛…我是用猜的耶!哈哈!

哇嗚～

無言…

為何會有地震呢？

彈性反彈理論

　　彈性反彈理論是1906年加州大地震發生後，瑞德（Harry Fielding Reid）調查聖安德烈亞斯斷層（San Andreas Fault）時發現地震發生原因的理論。這理論是先假設地表上現有的斷層裡的某些部分無法承受外在給予的力量（彈力），在此瞬間斷層急遽被破壞掉因而引發地震。當時雖然受到強大地震的威力，但並沒有充分的證據能夠證明所有地震都是因為斷層運動而發生的。再來，這理論也無法說明斷層移動的力量是從哪裡開始的。

地表板塊構造論

　　地表板塊構造論是在1960年代後期登場的學說。地球表層的岩石圈是由太平洋板塊、北美板塊及歐亞板塊等10多個板塊組成。這些板塊的厚度達數十公里且每年以幾公分的速度移動著。地表板塊構造論就是板塊移動時在板塊的界線裡發生突然滑動的現象，稱作地震。它說明了因為巨大的板塊移動，除了會發生地震以外，連火山活動、岩漿與形成褶皺山脈等各種地殼變動也會發生。

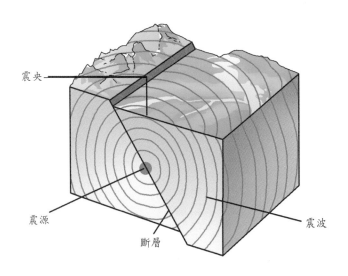

地震也有分種類。依據發生的原因可分成斷層地震、火山地震、下陷地震及人工地震；而依據震源的深度則可分成淺層地震與深層地震。斷層地震因地殼變動，儲存在地盤的力量在斷層發生時釋放而引起的地震，大規模的地震大部分屬於此種。火山地震是火山地區裡火山噴發時所發生的地震，或是指地底下的岩漿穿越經過時所引發的地震。下陷地震是指地底下的大空洞（石灰洞窟等）倒塌時所發生的地震。人工地震是指在土壤裡埋入火藥使它爆炸或是進行核實驗時所引發的

地震。本身不是人工地震但也有因為人類的人為性活動而發生的地震。舉個例子來說，在很深的水井裡倒入很多水或是建造很高的水壩將水堵起來而引發地震等情形，稱作是誘發地震。

震源的深度未達100公里的地震稱作淺層地震，而震源深度超過100公里以上的地震則叫作深層地震。

老師，我有問題！

在海裡也會發生地震嗎？

在海裡發生地震的話，連在很遠的海岸都會發生地震海嘯。名為「tsunami」的地震海嘯有如山一樣高大的波浪突然湧過來，會以相當快的速度將海岸覆蓋過去，所以沒有提早躲避的話是很危險的。在海裡發生的所有地震雖然不一定都會引發海嘯，但是海底地殼隆起或下陷引發地震的話是很危險的。

各種黏土

美工刀

包裝用的
保鮮膜

哇嗚~

這是我們
要準備的
東西

首先用黏土將內
核部分捏成球型

之後再蓋上外核部分,地
幔也要用這種方式蓋上。

跟地球一樣
圓圓的耶!

接下來用保鮮膜把
它這樣好好包起來

用保鮮膜包起來的
球用美工刀像這樣
把它割開來

哇嗚~球裡面
有模型了耶!

好~那麼現在來好好觀
察球的斷面結構!

嘻嘻!我要去
跟允熙炫耀一
下再回來

哈哈

觀察熔岩變硬之後

大家集合一下~教你們玩一個有趣的遊戲！

嗯？是什麼？

就是震波遊戲！需要10個人一起玩喔！

震波遊戲？

嗯！首先先玩P波遊戲好了！那現在跟旁邊的朋友手牽著手。

P波遊戲？

最前面的人發出震波，然後一直傳到最後面那個人就好了。

地震發生時是如何傳遞波動的呢？

震波遊戲

　　10名學生手牽著手並肩站著。最前面的人當作是震源，站在最後面的人則擔任地震儀的角色。而所有站在中間的人則負責傳達地震。

　　P波遊戲是當震波來的時候，抓一下旁邊人的手的同時要一邊傳達震波。擔任地震儀角色的人感受到波動時就要大喊「P波傳達完畢」。

　　S波遊戲是當震波來的時候，要大力上下搖動旁邊人的手。擔任地震儀角色的人感受到波動時就要大喊「S波傳達完畢」。

　　S波比P波速度慢，所以在波的傳達速度上大約先休息個兩秒再繼續傳達。

震波的種類

　　P波是媒介質的震動方向與波的前進方向相同的縱波，而S波是媒介質的震動方向與波的前進方向垂直的橫波。下列所示為這些波動的傳達方向：

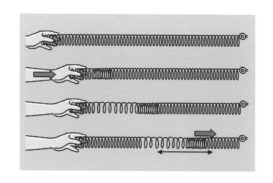

P波

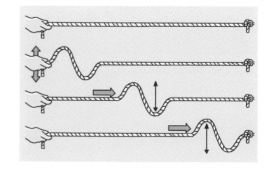

S波

莫霍洛維奇（Andrija Mohorovičić, 1857~1936）

莫霍洛維奇是南斯拉夫（Jugoslavija）的地震學家，是第一個使用地震波來研究地殼構造的人。他在1909年的某一天正在研究札格瑞布（Zagreb）附近的地震時，確定了地震的走時曲線在距離震央200公里附近會彎曲的事實，也發現了在深度50公里附近存在著震波速度會急遽變化的不連續面之事實。這是區分地殼與上部地幔的重要界限，且幾乎存在於全世界，之後此界線就命名為「莫霍洛維奇不連續面」。

*震波走時曲線：用圖表顯示震波的到達時間以此來算出震央的距離

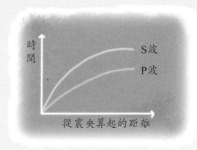

這只是常識而已～

最初的地震儀

最初的地震儀是由中國優秀的科學家兼天文學家張衡在西元132年所製作的「地動儀」。震動開始時，從銅製的龍的嘴巴出來的珠子會進到銅製的青蛙口中，看到八條龍中哪一條龍的珠子掉下來的話就可以知道該地震發生的方向。

韓國最初的地震儀是在1905年3月24日於仁川觀測所設置的水平鐘擺型機械式地震儀，由日本地震學的創始者大森房吉（Omori Fusaki）所開發，名為「大森式地震計」。

4. 地表的變化

搬運泥土的水
江與海洋
地殼的物質：地表的變化

流動的水，是萬能的表演者！

哈哈哈！我果然是最厲害的！

？

講什麼東西？我才是好不好！

真是愛說笑！我才是最厲害的！

阿阿阿～

合體!!

既然我們都合在一起了，乾脆就別吵，一起當最棒的好嗎？

好像不錯喔？

好吧！就這樣吧！

什麼是流水呢？

　　所謂的流水是指隨著地表流動的水，包括了溪水、河水等。此流水的量占了一年降雨量的百分之二十五。流水主要是透過河川抵達海洋的期間來侵蝕地表，以及搬運侵蝕物大大地改變地表的模樣。

 ## 流水都做哪些事呢？

侵蝕作用

　　所謂的侵蝕作用是指將土壤中的物質溶解的作用以及把岩石碎片沖刷下來並把河川的地面或側面削下來的作用。流水的侵蝕程度會根據岩石的種類、流量、流速等而有所不同。洪水來臨時流量增加，或傾斜變嚴重時流速越快，侵蝕作用就越發達。

搬運作用

搬運作用是指把被侵蝕削下來的物質運送到下流的作用。流水的搬運物質大致可區分為推移質、懸移質及溶解質。

推移質是指滾動或濺起砂石與礫石，使之滑動來搬運的形態。懸移質是黏土與細砂懸浮在水上來搬運的形態，而溶解質則是溶解在水裡來搬運。

堆積作用

堆積作用是指經過流水搬運下來的物質，在河底或海底沉澱的作用。依靠流水搬運下來的堆積物到達低地的安定場所後，會依堆積物的大小、重量、模樣等來分類堆積，此現象稱之為分級作用。像是礫石等沉重的粒子會在近的地方堆積，而像是黏土之類的輕小粒子會在較遠處堆積。所以位在下層的是由粒子大的物質堆積而成，而越往上則由粒子越小的物質來堆積。三角洲堆積層雖然分級很明顯，但是沖積扇堆積層的分級卻不明顯。

知識停看聽！

沖積扇

流水從傾斜很大的山谷裡往平地出來時流速突然減慢，此時堆積物會堆積成扇狀地形。此處的小碎石會有稜角且表面粗糙。

三角洲

在河水往海洋流進的河口，河水流速會變慢，而被搬運下來的物質會堆積成廣大的地形。此處的小碎石的外表會圓圓的。

觀察水的流動

老師，我來找您玩了！

喔？你來啦！趕快來這邊坐坐。

哇嗚~博士！您在做什麼啊？好像很厲害耶！

呵呵！你說這個啊！這可是我偉大發明之一的水上摩托車喔！

呼呼~

這水上摩托車可以漂浮在水面奔馳喔！

哇賽~好厲害！我想搭！我想搭！

好…好…會給你搭啦！

唰！唰！

嗯?你對這個很好奇啊!那就做一次實驗看看吧!

好,現在就試試!

為了要觀察水的流動要準備下列這些東西。

哇嗚~好多喔!

紙杯

黏土

桌球

水

木板

石頭

吸管

細土與沙子

水壺

首先在紙杯上挖一個小洞

嗯…這樣嗎?

博士,把吸管插進去接著用黏土填起來對吧?

沒錯~

把木板傾斜地放著,在上面鋪上沙子與細土

為什麼木板上要放桌球跟石頭呢?

呵呵!先把水壺的水倒進紙杯裡,你就會知道為什麼了!

把水像這樣倒入紙杯中

倒完水之後仔細觀察水的流動

喔？這水的流動彎彎曲曲的耶！

嗯…為什麼水會這樣流呢？

因為有桌球跟石頭等障礙物，水會避開它們而流動，如此一來，就會看起來彎彎曲曲的！

哈哈！原來水流到一半遇到石頭等障礙物，就會以這種方式流動喔～

沒錯~這就是為什麼溪谷會這樣彎彎曲曲的了！

地下水對地球有什麼影響呢？

地下水是指以雨或雪的形式所降到地面的水，在地表流動時有一部分的水往地下滲透，它會順著岩石的縫隙慢慢地往低處前進且將岩石溶解。特別是碳酸水會順著石灰岩的縫隙流動，並且溶解石灰岩形成石灰岩洞窟。石灰岩洞窟裡可以看到鐘乳石、石筍、石柱等奇特的地形形態。

 ## 冰河對地球有什麼影響呢？

在極地或高山上下的雪雖然叫作萬年雪，但萬年雪並不會融化，會繼續堆積然後變成厚重的冰層。當冰層裂開後掉下來，會往低處地方滑動，這就叫作冰河。冰河會削下地面及周圍的岩石使地表產生變化。冰蝕地形有角峰、U形谷與擦痕，而冰積地形則有冰磧石及冰丘。

海水對地球有什麼影響呢？

　　海水顧名思義指的就是海洋的水。往海岸推進來的海浪會侵蝕海岸很長一段時間，削下來的物質堆積後會使海岸線發生變化。

　　在海邊因波浪的侵蝕作用會形成海蝕平台，而經過侵蝕與隆起的反覆作用則會形成海階。此外，被河水搬運過來的砂子或泥土到達海洋的話，依靠海浪或海水的流動會堆積在一個地方，形成沙丘或沙洲。

風對地球有什麼影響呢？

　　在沒有水的沙漠裡，隨風而飄的沙子會侵蝕石頭而形成蕈石或三稜石，而在風較弱的地方，沙子則會堆積形成砂丘。

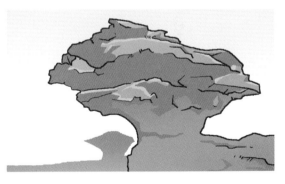

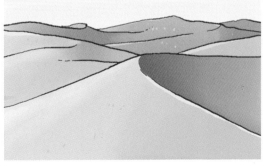

5. 大陸飄移說

啊！會移動的大陸！

神殿

好~今天要教第一課對吧？

在這麼長的一段時間內，大陸以非常緩慢的速度移動著。一開始大陸彼此相互連接，如今，像這樣分開的狀態已維持很久了呢！

遊戲時間！
快快快！

遊戲時間！
快快快！

老公~幫我拿杯水過來。

好的~老婆我來了！

遊戲時間！！動動腦！

什麼？！北極的冰河怎會出現在我家前面的海呢？

非洲大陸與美洲大陸的海岸線互相一致的事實，就是大陸長時間內緩慢移動的證據。

但是現在大陸移動的實在太快了！接著，我們來看看目前地球各地所發生的狀況。

喔？我們家前面為何會出現冰河呢？

你是誰啊？我是北極熊耶！

我是南極的紳士企鵝啊！

啊…！

看我的

你這鸚鵡居然亂移動大陸，把地球搞成這副德性！

大陸會自己移動嗎？

　　地球一直到古生代為止都是一塊完整的大陸，但後來各自分裂後就形成與現今一樣的位置。因此，可依各個地質年代，用以來判斷海洋與陸地的年齡大小，同時可以得知曾經是海洋或湖水的地區也會變成高大的山脈。

　　這樣的大陸變遷可以透過分析沉積岩與化石來了解。隨著地區的不同將沉積岩與化石的種類標示在世界地圖上，可以找出各個地質年代的海洋或湖水的分布。

地質年代	年代（年前）	地質年代	年代（年前）
地球誕生	46億	中生代開始	2億3000萬
前寒武紀開始	38億	哺乳類的出現	2億1000萬
古生代開始	5億7000萬	恐龍與始祖鳥的出現	2億
魚類的出現	4億5000萬	新生代開始	6500萬
兩棲類的出現	3億6000萬	類人猿的出現	250萬
爬蟲類的出現	3億2000萬	人類出現	50萬

　　大約在2億3000萬年前大陸是由一個超級大陸塊聚集而成的，稱之為原始大陸（Pangaea）。以赤道為界線，上方為勞亞古大陸（Laurasia land），下方有岡瓦納大陸（Gondwana continent），而在兩大陸之間則有叫作特賽斯海（Tethys Sea）的古地中海。另外還有包圍著超級大陸的潘德拉薩海（Panthalassa Ocean）。在那之後大陸開始移動，約在1億8000萬年前勞亞古大陸開始與岡瓦納大陸分離，而約在6500萬年前岡瓦納大陸再次開始分離。在大西洋形成的同時，大陸仍然繼續移動著進而形成與現今相同的分布狀態。

前寒武紀

　　到古生代末為止，地球上的大陸由一個完整的超級大陸所形成。但是地球誕生後開始，大陸移動了約40億年，經推測移動期間不斷地反覆進行聚集又散開的板塊運動。

　　前寒武紀的地層分布於北美的加拿大、西北歐的芬蘭、東北亞、西北利亞南美幾內亞與亞馬遜、印度、非洲的衣索比亞以及南極大陸等地。

古生代

　　到古生代的石炭紀為止，許多地區仍浸泡於海水內，而後造陸運動發生，大陸才出現。當時大陸為一個廣大的原始陸地型態，還有圍繞著原始陸地的潘德拉薩海大海洋。

中生代

　　從古生代開始經過中生代初期，原始陸地開始分裂成南半球的岡瓦納大陸與北半球的安卡拉大陸（Angara）。現分的南美、非洲、澳洲、南極、印度大陸等屬於岡瓦納大陸，而北美、歐洲、亞洲大陸則屬於安卡拉大陸。

　　再來，勞亞古大陸往北方移動，而相對移動較少的岡瓦納大陸在南極大陸間產生了名為特賽斯海的海洋。

　　在中生代末的白堊紀，大陸的分離更加活躍，現今的南美與非洲開始分離。印度大陸也從非洲分離出來，並往亞洲大陸的方向移動，而北美與歐洲也開始互相分離。

新生代

　　進到新生代後發生許多次大規模的造山運動，陸地往海面上升，特賽斯海也跟著消失。新生代第3紀時產生了太平洋、大西洋、印度洋及地中海，水陸分布變得與現今狀態相似。

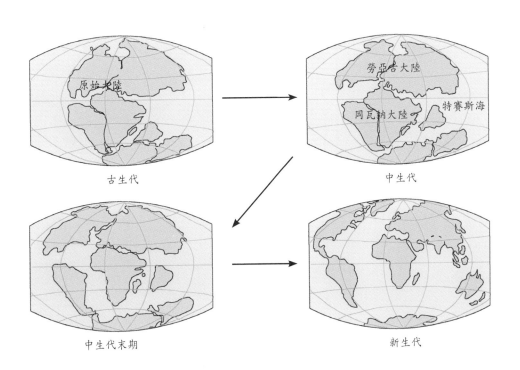

古生代　　　　　　　　　　中生代

中生代末期　　　　　　　　新生代

像拼圖的大陸板塊

哇嗚～好壯觀喔！居然可以搭新式飛行器飛到空中耶！

呵呵！那要看看是誰發明的啊～

唰呼～！

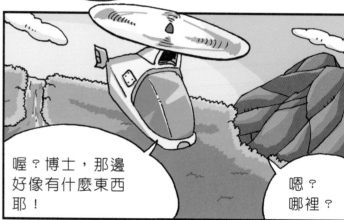

喔？博士，那邊好像有什麼東西耶！

嗯？哪裡？

天啊…博士！這山裡好像住著一隻怪物耶！

看這巨大的腳印我想應該是一隻超級大的怪物吧！

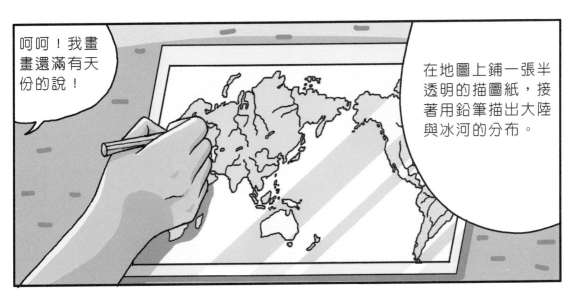

呵呵！我畫畫還滿有天份的說！

在地圖上鋪一張半透明的描圖紙，接著用鉛筆描出大陸與冰河的分布。

然後，將各大陸按照描好的輪廓剪下來。

哈哈！都剪下來了！好酷喔！

把各大陸依循海岸線拼起來，然後仔細觀察結果。

哇～形狀真的都互相吻合耶！

什麼是大陸飄移說？

大陸飄移說是在1915年由德國的氣象學家兼物理學家韋伯納（Alfred Lothar Wegener）所提出的理論。

其內容是指約3億年前由一個超級大陸板塊組成的原始大陸分離且移動，形成與現今相同的大陸模樣。

 ## 找出大陸飄移說的證據吧！

有關大陸飄移說的證據的第一點，是非洲西海岸與南美東海岸的海岸線互相吻合的事實。推測過去曾互相連接的大陸之間的地質學特性互相類似，地層構造或山脈（阿帕拉契山脈——英國蘇格蘭及挪威的山脈群）位在延長線上。

第二點，在南美大陸的東南部、非洲大陸的南部、澳洲大陸的南部、南極的北部等地發現舌羊齒化石，推測那地區曾經互相連接著。

第三點，冰河、沙漠、珊瑚礁等分布所呈現的古氣候證據，顯示大陸互相連接時都聚集在鄰近的地區。

 ## 這只是常識而已～

什麼是地幔對流說？

1929年由英國的地質學家霍姆斯（A. Holmes）所主張有關地幔緩慢施予力量的理論。也就是說，從高溫的核裡傳達出來的熱與依靠地幔內放射性元素的崩壞的熱被儲存起來，上下部分的溫度差變大的同時地幔的對流會增加，而此熱對流即成為大陸移動的原動力。

大陸飄移說與板塊構造論

　　韋伯納雖然主張大陸飄移說，但是大陸移動的理由，也就是促使大陸移動的力量根源並未提出說明。

　　在韋伯納去世後，對他的理論有興趣的學者們透過研究，發現促使大陸移動的力量為地幔的對流，且將大陸飄移說發展成板塊構造論。板塊構造論是指地球表面的岩石圈分成10餘個大大小小的板塊，而且一邊移動的同時，會在板塊與板塊的界線上引起許多地殼變動。

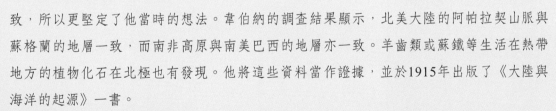

韋伯納（Alfred Lothar Wegener, 1880~1930）

1904年韋伯納在柏林大學取得天文學博士學位，但對氣象學與地質學更有興趣。所以他在26歲時與弟弟進行了史上第一次利用氣球來觀察北極的大氣，因而名聲遠播。氣球飛行了52個小時創下當時的世界紀錄。他在同一年裡跑去格陵蘭島探險，於1909年回到德國在馬堡大學裡教天文學與氣象學。

1911年時，韋伯納看到一篇有關在大西洋兩側發現的動、植物化石極為類似的論文，這使他想到或許非洲大陸與南美大陸以前是相互連接的關係。再加上這兩塊大陸的海岸線真的是非常一致，所以更堅定了他當時的想法。韋伯納的調查結果顯示，北美大陸的阿帕拉契山脈與蘇格蘭的地層一致，而南非高原與南美巴西的地層亦一致。羊齒類或蘇鐵等生活在熱帶地方的植物化石在北極也有發現。他將這些資料當作證據，並於1915年出版了《大陸與海洋的起源》一書。

根據他的理論，3億年前地球是一塊稱作原始大陸的巨大超級大陸，但是逐漸地散開移動而變成今天所看到的大陸。韋伯納的理論因為沒能解釋大陸移動的根源而遭到許多批判。他在無法證明大陸飄移說的遺憾下，於1930年在格陵蘭島探險中遇難而死。

同樣的天蠍座，不同的故事

我們兄妹跟老虎的故事非常有名，也很有教育意義，是相當不錯的故事！

奧林巴斯山的天蠍座故事是蘊含了奧林巴斯山神的智慧與勇氣，論誰來看都會覺得它是出色的故事！

嗯～那麼就請各位說說自己的故事有多有趣以及有多特殊好了！

是～我知道了！那麼由我先向您說明一下

有一天虎姑婆為了要把賣糕餅的媽媽抓來吃，就在這兄妹的家門前故意裝作是他們的媽媽

啊～她根本不是媽媽嘛！

我不是虎姑婆，是你們的媽媽呀！

逃到樹木頂端的兄妹倆向上天祈禱，祈求能夠救救他們，這時天下掉下了一條救命的繩子

嗯？從天上掉下一條繩子耶！

啪！

啊～～這繩子怎麼突然斷掉了？

啊～

在夏天的夜晚南方的天空中，排成長長的S型的星座就是天蠍座喔！這兩顆星星爬上繩子往天上去，後來變成太陽與月亮的兩兄妹故事。

那麼，接下來換我來跟您說明一下

獵戶座個性非常傲慢，每天都說自己可以殺死世界上所有的動物

哈哈～我獵戶座可是可以殺死世界上所有的動物喔！

這些話不久後傳到了奧林巴斯山，眾神聽到後，都非常生氣

獵戶座人現在在外面等著

什麼？

結果海拉女神放出毒蠍子，想要致傲慢的獵戶座於死地

天哪～是毒蠍子啊！

救命啊!!

這是你無禮傲慢的代價！

呵呵～兩個故事都很有寓意也很有趣，實在是很難下判斷啊！

不然就乾脆你們兩個故事一起傳承下去就好了吧！

是！了解！

星座是誰發明的呢？

　　為了可以簡易地找出天空中的星星，
而將幾個星星銜接起來，並且按照型態用動
物、物品、神話裡的人物名字來將星座命名，
這源自於西元前數千年以前的巴比倫王國
（Babylonia）。而這種星座的名稱會依照各個
時代的不同依據原則來命名。

　　在古代只有眼睛能看得到的星星才會將它
命名，所以從古代流傳下來的星星當中，愈亮
的星星就愈多是用拉丁語、阿拉伯語來取名。具代表性的例子有，在希臘語中意思
為「閃亮的東西」的「天狼星」。

　　在1603年德國的天文學家約翰・巴耶（Johann Bayer, 1572~1625）針對各個星
座的星星大致依亮度的順序分別配上希臘文。因此以獵戶座來說，最亮的參宿四
（Betelgeuse）稱作獵戶座 α 星（ α Orionis），次亮的參宿七（Rigel）則稱作獵戶
座 β 星（ β Orionis）。

　　現今國際天文聯盟裡所使用訂定的星座有88個。訂定在太陽經過的路徑上有
12個，北半球有28個，而南半球則有48個，於全世界各地使用。

 ## 依照季節的不同星座也會跟著不同嗎？

　　所謂的季節別星座，一般來說是指在該季節的晚上9點多時最顯眼的星座。依
照季節的不同，星座也跟著改變的原因是因為地球會以太陽為中心每一年繞著轉一
圈公轉的關係。而季節別的代表性星座如下所示：

　　春季：牧夫座、處女座、獅子座

　　夏季：天鷹座、天琴座、天鵝座

　　秋季：仙后座、雙魚座、天馬座

　　冬季：獵犬座、獵戶座、大犬座

水瓶座 （1月20日～2月18日）

可以確實且清楚觀測到水瓶座的時機為9月到11月之間。想尋找水瓶座，首先要在腦中想像有個少年手提著水瓶且往巨大的魚口中倒水的樣子，此時將水瓶想像成英語中的Y字後，腦中浮現出那個模樣即可。它的星星光暈比較鮮明所以可以很容易找到。

雙魚座 （2月19日～3月20日）

雙魚座是黃道12宮中最後的一個星座。在8月末到10月這段期間的夜晚朝天空望去就可以找到，這星座可以用英文的大V字樣來表示。而看到雙魚座的人會覺得是兩條魚正往相反方向往上奔游的樣子，也有人認為是兩條魚用繩子互相連接的模樣。

牡羊座 （3月21日～4月19日）

牡羊座是在黃道12宮中位處第一個位置的星座，但是原本就很小且有點暗，所以並非輕易可觀察到。在10月到12月之間的夜晚朝天空望去，即可看見又小又可愛的三角形模樣的星座，而這位置就是綿羊的頭部。

金牛座 （4月20日～5月20日）

金牛座在初冬的夜晚天空是個亮度很高的星座，且觀察它的最好時機介於11月中旬到1月為止這段期間。在東方的天空裡找到巨大的V字星座的話，就是黃牛的角、兩隻眼睛及嘴巴組成的臉部。

雙子座（5月21日～6月21日）

雙子座是由許多很亮的星星所組成，所以在都市的天空裡也可以容易觀察它的蹤跡。在12月到2月之間的夜晚天空裡仔細觀測，可以很清楚地看見兩兄弟並排且搭肩的模樣。

巨蟹座（6月22日～7月22日）

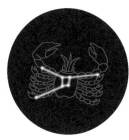

巨蟹座是冬季的最後一個星座，且因為介於獅子座與雙子座之間，所以找起來並不是很困難。瞬間抬頭的話可以看到類似椅子的形狀，而觀察巨蟹座最好的時機是介於1月到3月這段時間。

獅子座（7月23日～8月22日）

獅子座在離太陽最遠的2月到4月這段時間可以看得到。想找到獅子座，首先要找到有勺子模樣的北斗七星，接著延著以勺子手把為起始點的星星下去，若發現左右兩邊有問號模樣的星星，那就是獅子座了。這部分是獅子的頭，而後面的三角形模樣就是獅子的尾巴部分。

處女座（8月23日～9月22日）

處女座在春季夜晚天空中是最美麗的一個星座，而觀察這星座的最佳時機在3月到5月之間。但因處女座的許多星星互相連起來的線較長，所以觀察時需運用些想像力，想像成一位少女的模樣。

天秤座（9月23日～10月23日）

原本在黃道上只有11個星座，但因為太陽每個月會在黃道星座短暫停地留一次，導致一年12個月會缺少一個星座。這個急急忙忙想出來的星座就是天秤座了。介於春天的星座處女座與夏天的星座天蠍座之間，可以看到一個四角形模樣的星星，請將它想像為一個天秤。

天蠍座（10月24日～11月22日）

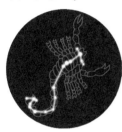

天蠍座在黃道上是位處最南邊的星座。於夏天夜晚往南方的地平線天空望去，可以看到像腰帶一樣長長往下墜的S字模樣的天蠍。這S字樣的底部像鉤子一樣彎曲起來，並沉浸在銀河裡。觀察天蠍座的最佳時機落在5月底到7月底之間。

射手座（11月23日～12月21日）

觀察射手座的最佳時機在6月中旬到8月中旬之間。此時的銀河總是把天空點綴得十分美麗，而位在銀河中心有個水壺模樣的射手座，其下半身是一匹正在奔跑的馬模樣，下半身則是有個人在拉弓的樣子。

摩羯座（12月22日～1日19日）

摩羯座在初秋裡是最顯眼的一個星座。其觀測的最佳時機介於8月底到10月底之間。整體來說是個巨大的倒三角形模樣，但尋找起來並不是非常容易。

教學實驗室 1　製作專屬的星座盤

這都是博士害的啦…嗚嗚…

平時我都有好好在做飛機保養的啊…

對了！博士，在這麼大的沙漠裡要怎麼找到住的地方呢？我們現在走的路是正確的嗎？

嗯…別擔心，走這條路是正確的

望著那邊天空的星星就可以找到路了！

哇嗚～可以用星星來找路喔？

啊…前面有車子走的道路耶！我們有救了！

萬歲

呵呵！想知道為什麼的話，回到實驗室後做個實驗就可以知道囉！

對了！博士，要怎麼觀察星星來找路呢？

好～今天要做的實驗就是製作星座盤！

星座盤？

要做星座盤的話要準備好下列這些東西喔！

量杯

亮漆劑

硬化劑

投影膠片

星座盤

夜光粉末

畫筆

將亮漆劑（20ml）與硬化劑（10ml）分別以2:1的比例混合後，加入1匙夜光粉末進去

好～

在星座盤上鋪投影膠片，並描出星星的形狀

哈哈～我要把我喜歡的星星畫大一點！

依照星星的亮度在星座盤上描繪出星星的大小，記得越亮的星星要畫越大顆喔～

把周圍環境調暗，以便觀察製作完成的星座盤

哈哈～好期待喔！不知道我的星座盤會是什麼樣子！

治宇啊～我們來試做會在夜晚天空中一閃一閃星座的星座盤吧！

好～你過來幫我一下

哇嗚～真的可以做得出來嗎？

那是當然的啊～如果做出來的話一定會超棒的！

光纖維2公尺

電燈泡

電燈泡底座

電線

電池安裝座

美工刀

螺絲起子

乾電池（1.5）2個

開關

投影膠片

剪刀

描圖紙黏著劑

膠帶捲

紙杯2個

原子筆

好～上面這些是我們要準備的東西！

將紙杯放於保麗龍上,邊沿著邊劃圓後,在圓裡面標上想要做的星座星星位置,接著用錐子在上面穿洞。

將光纖維剪下20公尺,再用膠帶把它繞成一個圓圈對吧?

沒錯!

然後在2個紙杯杯底穿出光纖維可以進得去的孔,再用接著劑把光纖維固定住

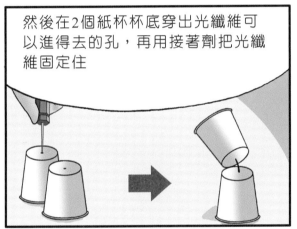

好~將光纖維裝在保麗龍上,只留下冒出來的5mm,接著用剪刀剪下來。

在四方的描圖紙放上紙杯且沿邊畫圓,將小電燈泡底座裝好後連接電線,然後把紙杯貼在畫好的圓上面,

耶~終於做好了!好期待喔!

呵呵!把開關打開後,在暗的地方觀察一下吧!

找北極星更簡單的方法！

　　一起找找具代表性的指航燈——北極星吧！首先，得要先找到北斗七星才行。在連接北斗七星勺子底端兩顆星的5倍距離上，往勺子內部方向看的話，可以發現一顆很亮的星，這顆星就是出現在天空北方的北極星。但在秋天，北斗七星會在靠近地平線的附近，可能會看得不是很清楚，此時找到M字模樣的仙后座後，利用相似的方法也可以找到北極星。

　　北極星位在與天空北方幾乎一致的位置上，在我們眼裡看來好像靜止一樣。因此以北極星當基準就可以掌握觀測場所的方位。專注看北極星時，它的右邊是東方、左邊是西方，而背後那邊則是南方。

　　這樣找出北極星掌握到方位後，依照季節別找到看起來最亮的指航燈星星。接著一邊看星星地圖或照片的同時，將其連接，再把詳細的星座模樣做出來即可。

 ## 觀測星座時需要準備哪些東西？

　　首先，得先找個遠離光害、可以清楚觀察星星明暗的地方，想當然是要去四周開闊的場所對吧？還有完全變暗之後才可以好好觀察，所以要等到天黑才行。

　　這時要給自己「適應暗環境」的時間。所謂的適應暗環境，是指為了觀測星星要避開周圍亮的地方，必須在暗的地方待個5分鐘以上的時間來適應暗環境。只有那樣才可以在暗的地方看到星星的光。那麼除此之外還需要準備下列東西喔！

- ・星象圖：又叫作「星空地圖」，可以在一些書裡找到，也有可以方便一邊轉一邊觀看的星座盤。
- ・雙筒望遠鏡與望遠鏡
- ・指南針
- ・夜光手錶或數位電子手錶：為了記下天體發光與滅掉的時間以及特殊天文現象出現的時間
- ・做筆記的用具
- ・輕便的服裝與輕鬆的心情：在春天與秋天的時候，太陽下山後會意料之外的冷，所以需要幾件保暖衣物，同時也要準備可充飢的食物乾糧或熱茶。

·天氣預報：在陰天晚上觀察星星會有點困難，所以事先掌握天氣預報的情形是很重要的。

7. 地球的運動

地球與月亮
季節的變化
太陽系的運動

如果地球停止自轉？

嘻嘻嘻

這麼一來，這作家一生都會這樣睡下去！

嘻嘻

隊長！那邊…

啥

我還沒說完哩！給我好好聽著！

是…

接著太陽的一邊溫度會漸漸變高，動、植物會乾枯死亡，而背對太陽的另一邊會漸漸變冷，動植物都會冷死！

天哪！好熱啊！

嗚嗚…好冷喔…

隊…隊長…那個…是這樣的

傍惶

噴可惡

！！

不安

吵死了！還有一個沒講完啦！

驚恐

喔？是…

還有，因兩邊溫度差而產生的壓力差，會往太陽那個方向刮起強大的風

說明完畢~耶！

帥吧！

好，那麼趕快開啟開關！

衝阿~

• • • • • • • •

？

嗯？

轉頭

什麼？發生什麼事了？

剛剛超人來這都把機關破壞光了！

可惡

為什麼現在才說！

每次要說隊長你都生氣…

每天都在旋轉的地球

地球以傾斜23.5度的自轉軸為中心，每天旋轉一圈進行自轉運動。自轉方向為由西到東，所以在北半球裡地球的自轉方向呈現逆時針方向。自轉是指每一天都會旋轉一次，若除以24小時來計算，可統計出地球每小時會旋轉15度。

我們怎麼知道地球在旋轉呢？

我們無法在日常生活中察覺到地球正在自轉，那麼我們是如何知道地球一直存在著自轉的事實呢？

有關人工衛星軌道往西邊移動的現象當作地球自轉的證據，就如同天文學家傅科（Léon Foucault）的實驗，長時間的使振子振動的話，可以觀察到振動面在北半球會呈現順時針方向，而在南半球則會呈現逆時針方向來旋轉，這都是因地球自轉的關係所造成的結果。

因為地球會自轉，使我們可以觀測到許多各式各樣的現象。星星在天空上會以北極星為中心，一天由東向西旋轉一圈的現象，也就是星星的周日運動。同樣地，太陽也會不斷重複一天由東向西旋轉一圈的周日運動。還有，最重要的是有依據太陽周日運動而產生的白天與夜晚現象。

萬一地球立正站好旋轉的話，這世界會變成怎樣呢？

地球以傾斜23.5度的自轉軸為中心進行自轉的事實已被廣為所知。但是萬一地球自轉軸不傾斜的話，這世界會變得怎麼樣呢？也許地球上的四季變化會因此而消失不見。還有，赤道地區會接收到許多太陽能，溫度會因此急劇上升，連帶該地區的降雨量都會變少，使沙漠出現的機率變更高。相反地，極地地區會幾乎接收不到太陽能，天氣會比現在還要更冷，而且晝夜現象會完成消失。

老師，我有問題！

地球的腰圍有多少？

大約2000年前，埃拉托斯特尼（Eratosthenes）在連量尺都沒有的情況下測量了地球的半徑。在6月21日夏至的那天中午，位在埃及的西恩納（Siena）的陽光雖然以垂直方向照射，但大約有925公里的影子落在亞歷山大港（Alexandria）裡，他觀察到陽光會大約傾斜個7.2度照射的事實，因而測到地球的半徑。也就是說，地球的半徑如果叫作R，利用圓心角與圓弧長做比例的原理，以7.2°：925km＝360°：地球的周長（$2\pi R$）的數學式來計算地球半徑的話，R可得出7.365km。雖然跟實際上比較出現了大約15％的差異，這是因為用兩個都市間的距離測量並非那麼準確，且地球也不是完整的球型，再加上西恩納與亞歷山大港並非位在同一個經度上的關係。

哇嗚！！是地球耶！

這次博士發明的東西好像成功了耶？就這樣一直通往宇宙吧！喔耶！

呵呵~這次的宇宙船我可是稍微有用心研究一下呢！

多拍一些照片到時候去跟朋友好好炫耀一番！

喀嚓！

哇嗚~我都不知道地球原來這麼美麗耶！天哪…真是太美了！

咦？博士！地球好像在移動耶…是我眼睛看錯了嗎？

呵呵！你終於觀察到啦！地球現在正在自轉呢！

所謂的自轉就是指地球會自己旋轉。

哇！那是真的嗎？

博士，如果地球會轉的話，人們不會怎麼樣嗎？

當然不會啊！就是因為地球會自轉，地球上的生物才得以安全地生存下來喔！地球如果不自轉的話，可是會發生大事喔！

好，我們一起到實驗室去，用實驗來觀察自轉運動吧！

今天就一起來製作天球吧！

喔耶！等不及想做做看！

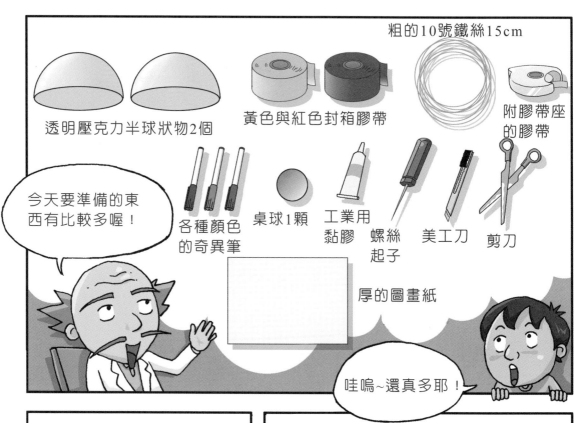

粗的10號鐵絲15cm

透明壓克力半球狀物2個

黃色與紅色封箱膠帶

附膠帶座的膠帶

今天要準備的東西有比較多喔！

各種顏色的奇異筆

桌球1顆

工業用黏膠

螺絲起子

美工刀

剪刀

厚的圖畫紙

哇嗚~還真多耶！

在桌球上下用螺絲起子穿洞後穿進鐵絲，接著在鐵絲與桌球的空隙塗上黏膠。

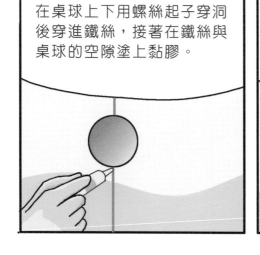

在桌球的中央部分，用奇異筆畫上與鐵絲呈垂直直角的圓，然後將厚圖畫紙畫上人型圖案後剪下來，用膠帶將它貼在桌球上。

在厚圖畫紙畫上直徑9cm的圓，接著，剪下來後，在它中心畫上直徑4cm的圓，然後將小圓部分剪下來，並且標上東、西、南、北。

使用美工刀的時候要小心喔

將做好的地平面從上方，形成跟觀測者垂直的方向，此時把桌球與地平面用黏膠黏上且固定好。

在壓克力半球上穿一個鬆的洞，且將桌球插入半球內，接著用紅色膠帶貼出一圈赤道。

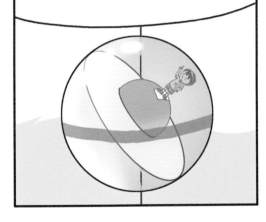

用黃色膠帶貼出以紅色圓為基準，傾斜約23.5度的一圈圓，再用奇異筆畫上幾個星座。

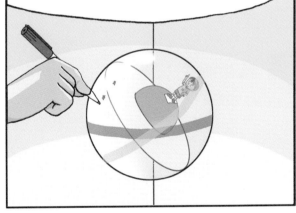

治宇啊，現在將地球由西到東旋轉，一邊觀察星星的自轉運動吧！

哇~好酷喔！我這就來試試看！

地球的公轉

公轉是指地球以太陽為中心每一年旋轉一圈的運動。

地球的公轉跟自轉方向一樣由西向東。公轉因為是一年旋轉一次，除以一年的話，可得知一天大約會旋轉1°左右。

 ## 一年只旋轉一圈會發生什麼大事呢？

地球的公轉會使地球發生什麼現象呢？

首先，星星會有每一年由東向西繞地球旋轉一圈的現象，也就是說會進行周年運動。而太陽跟隨黃道在天球上的星座之間會每一年由西向東旋轉一圈，進行太陽的周年運動。

再來，會發生星星的視差現象。隨著地球繞太陽公轉一圈，在地球上觀測星星的位置會有所改變，而此時改變的觀測者位置與星星形成的角度就是所謂的星星的視差現象。而這樣的星星視差現象也是能夠證明地球公轉的有力證據。

 ## 轉來轉去讓季節有所改變？

地球以自轉軸傾斜23.5度的情況下一邊自轉也一邊公轉。所以隨著公轉軌道上的地球位置不同，太陽的高度每天都會有變化，理所當然地白天與夜晚的長度也會跟著改變，也就因此產生了季節變化。

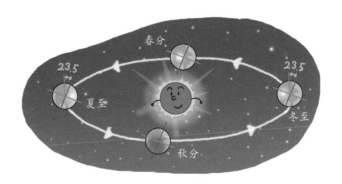

歷史中的科學

啊，悲慘的獨白！

現今，幾乎沒有人會對地球是圓的，且會繞著太陽旋轉的地動說而有所反駁。但是在伽利略（Galileo Galilei, 1564~1642）所生活的16世紀，當時幾乎所有人都認為地球是平坦的，且深信太陽是繞著地球而旋轉。這是從原始時代就開始的信念，之後進到古希臘時代加上哲學式的解析與幾何學的說明，到了中世紀封建時代更加上神學權威的影響因而奠定了一個徹底的思想地位。

由於這樣以教會為中心的制度，哥白尼（Nicolaus Copernicus, 1473~1543）所提出的地動說理所當然不會被當時的社會所接受。但是伽利略並非認為地球是宇宙的中心且完全不會轉動，而是支持哥白尼所主張的地球會自己旋轉，而且地球只不過是每年會繞著太陽旋轉一圈的行星而已。實際上，他曾經用親自做的望遠鏡確認了月球的公轉，並發現了木星，且親自觀察繞著木星周圍的衛星，確信地球果然是繞著太陽旋轉的事實。

利用望遠鏡發現了許多東西的同時，伽利略的思想也漸漸地被一般人所熟知。之後，教廷對於駁斥神學權威的伽利略感到極其憤慨，最後將他處以宗教審判。

伽利略於1633年在羅馬的一個修道院裡以70歲病重的身體接受了審判。在宗教審判高壓性的氛圍下隱瞞了真實，承認說謊之罪的伽利略在宣誓結束後，對於否定地球繞太陽轉動的事實受到良心的譴責。所以，據說到最後他俯瞰地面仍一邊低咕說：「不管怎麼樣，地球會轉動這是不爭的事實」。

不管怎麼樣…地球還是會轉動啊…

8. 月球模樣的變化

如果沒有月球的話？

咦？貝類怎麼都不見了？

漲潮及退潮現象是因為月球而引起的，沒有月球的話，自然而然就抓不到貝類了！

由於月球的引力，地球維持與現在相同的自轉速度，一旦月球消失的話，地球會轉得更快，氣候也會變得異常！

轉太快了！

還有重力變弱使體細胞繁殖變得旺盛，人類的老化速度會增快且壽命也會縮短！

哇嗚~身體變好輕喔！

地球自轉軸變得更傾斜，一整天都接收太陽能照射的一邊白天會一直維持，A級颱風也會繼續肆虐且四個季節也許都會就此消失喔！

A級颱風：指超大型颱風，強風半徑約500～590公里（250～295海浬）。

公開通緝月亮吧！

 月亮的特徵

　　月亮與地球不同的是它擁有許多隕石坑洞。我們注視月亮的時候，看起來亮的地方是高地，而看起來暗的地方則是低且平坦的海洋。

　　在月亮上沒有空氣跟水，且白天溫度高達120℃，晚上會到零下160℃，溫差相當的大。重力為地球表面的1/6。

 月亮的變化──以遁甲術進行周期性的潛藏

　　月亮的最大特徵就是周期性的改變樣貌，而月亮模樣改變的原因在於公轉現象。月亮會在27.3天期間進行繞地球一圈的公轉，但是在地球裡以陰曆為基準來看，月亮樣貌變化周期並非是27.3天（恆星月），而是29.5天（朔望月）。這是因為月亮在繞地球周圍公轉的期間，地球本身也在太陽周圍進行公轉的緣故。

日蝕

　　所謂的日蝕，是指在地球上看的時候，月亮會遮住太陽，使我們看不見太陽的現象。當月亮位在太陽與地球之間，會在地球上出現月亮的影子，此時太陽會被月亮遮住而看不見。日蝕中也有將太陽完全遮住的日全蝕，其發生的地區是極窄的範圍，而日全蝕持續的時間一般為2~3分鐘，最長為8分鐘左右。相反地，月亮只遮住太陽一部分的日偏蝕相較下可以在較大的範圍裡觀察到，且日全蝕地區裡一定可以觀察得到日偏蝕。

月蝕

　　月蝕是指當地球位在月亮與太陽之間時，接收太陽光產生的地球影子會遮住月亮，出現看不見月亮的現象。月全蝕是指月亮完全進到地球的本影裡，一點也看不見月亮蹤跡的現象。在地球上如果是進入到晚上的地區，任何地方都可以看得到，且會持續個1小時26分鐘~1小時53分鐘左右。月偏蝕是指月亮的一部分進到地球的本影裡，使月亮有一部分不被看見的現象。

這只是常識而已～

月球的自轉

月球表面的紋路跟月球的模樣毫無相關，時常都會長得一樣，而且在地球上看月亮的時候都是看到月亮的同一面，這是因為月亮繞著地球公轉一次的同時，也進行了一次自轉的關係。也就是說，月亮的自轉周期與公轉周期一樣都是27.3天的關係。

……

治宇啊！你從剛剛到現在一直站著幹嘛？

博士，夜晚天空的月亮實在是太美了，害我目不轉睛呢！

在地球上不論怎麼看月亮都那麼美麗，如果直接在月球上看的話，也會這麼漂亮嗎？

博士…我好想去月球喔！帶我去嘛~

嗯…這個嘛…

好！我們走吧！

喔耶！！

哇嗚~實際上看到月亮原來有這麼大喔！

那當然囉！月球可是很大的！

博士！但月亮為什麼是圓的呢？在地球上看的時候有很多種模樣的…

在地球上看的時候，月亮模樣一直改變，這是因為月亮繞著地球公轉的關係。

月亮繞地球公轉的話，為什麼模樣也會跟著改變呢？

沒錯！因為月亮繞著地球公轉時，接受太陽光的部分不一樣，月亮的模樣也會有所不同。

現在，你有比較了解月亮為何會變化的原因了吧？

是，博士！似乎比較懂了，但好像有點混淆耶⋯

那麼月亮的模樣等我們回到地球再好好觀察一次吧！這樣會更有幫助喔！

好的，博士！往地球出發！

治宇啊！今天晚上一起來觀察月亮的模樣吧！

首先，要先決定觀察的時間與地點——

地點的話，我覺得我們社區的後山好像不錯耶！

好！地點選在家或是離家近的地方是最好的，周圍背景環境必須要能夠確實地區分開來才行！

每天都要在同樣的時間觀察且要把位置跟模樣紀錄在觀察日記上

哈哈~要好好紀錄才行！

可是博士…晚上一個人來這好恐怖喔…

嗷嗚嗚嗚~~

一年是12個月，那麼24節氣又是什麼呢？

　　節氣是配合太陽的黃經（黃經：太陽的黃道上的位置），一年以每15天為間隔分成24等份，以此來區分季節作為氣候的標準點。

　　陰曆是以月亮的運動為根據製作而成的，所以它雖然能夠好好表現月亮的變化，但卻不能完整呈現出太陽的移動。所以依據太陽運動決定出來的季節變化出現了與陰曆的日期不一致的問題。為了彌補這個漏洞，在陰曆裡加上季節的變化，也就是說採用標註太陽運動的24節氣一起使用。因此，陰曆因為是用24節氣來標示太陽的移動，因而稱作是太陰太陽曆（太陰太陽曆，我們平時所稱的陰曆原本是太陰太陽曆的縮語。這裡所指的「陰」是指「月亮」，而「陽」則是「太陽」的意思）。也就是說，這是考慮到月亮與太陽運動的一本曆法。

節氣與季節		陰曆	陽曆	特徵
春	立春	1月初	約2月4日	春天的初始，入春大吉。
	雨水	1月中	約2月19日	落下春雨且冰霜融化，草木發芽。
	驚蟄	2月初	約3月6日	蟲子或青蛙等動物從冬眠中甦醒的時機。
	春分	2月中	約3月21日	夜晚與白天的長度幾乎相同。
	清明	3月初	約4月5日	明亮且清朗的天氣，農事準備的時機。
	穀雨	3月中	約4月20日	落下春雨百穀變潤澤，秧田前置準備。
夏	立夏	4月初	約5月6日	夏天的初始，早植稻已進入抽穗期，病蟲害亦開始活動，農民準備進行病害防治工作。
	小滿	4月中	約5月21日	萬物漸漸成長旺盛之意，插秧開始，亦進入了梅雨季節。
	芒種	5月初	約6月6日	大麥成熟而食用（大麥收割），秧苗長大將其栽種之時期。
	夏至	5月中	約6月21日	白天最長夜晚最短的時期，蟬兒開始鳴叫。

節氣與季節		陰曆	陽曆	特徵
夏	小暑	6月初	約7月7日	天氣逐漸炎熱，進入夏季。
	大暑	6月中	約7月23日	暑氣最盛的時期，若氣候不順恐有水災或風災。
秋	立秋	7月初	約8月8日	秋天初始，若打雷則對農作物不利。
	處暑	7月中	約8月23日	暑氣退散，早晚日溫差變大。
	白露	8月初	約9月8日	下露水，宛如秋天的氣息。
	秋分	8月中	約9月23日	白晝漸短，夜晚漸長。
	寒露	9月初	約10月8日	氣候透露寒意，開始起風。
	霜降	9月中	約10月23日	開始降霜，秋收進行收尾，透宜載種豆類農作物。
冬	立冬	10月初	約11月7日	冬天初始，立冬日有進補之習俗。
	小雪	10月中	約11月22日	下初雪，台灣因氣候暖和，高山才有降雪可能。
	大雪	11月初	約12月7日	雪下最多的時期，台灣此時大批烏魚群回遊台灣海峽避寒，為烏魚豐收期。
	冬至	11月中	約12月22日	白天最短夜晚最長的時期，品嘗湯圓的一天。
	小寒	12月初	約1月6日	台灣濱海地區寒風刺骨，農作物易發生低溫寒害。
	大寒	12月中	約1月21日	一年之中最冷的時期。

註：節氣因台灣以陰曆（即農曆）日期為主，每年皆有所出入，上述日期僅供參考，請依該年農民曆記載為準。

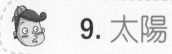
沒有太陽就無法存活！

這裡是BBQ大賽的現場

全世界最頂尖的BBQ料理專家們聚集在此，正在製作美味的BBQ——

世界BBQ大賽

撕撕

且看審查委員兼主辦者冷靜且期待的表情…好…沒錯！表情也是不容忽視的！

哇~好吃的味道真是令人垂涎三尺呢！現在要對每一位參賽者來做個簡單的訪問囉！

首先要對最右邊的參賽者進行訪問！哇~香味真是很不錯呢！

請問為了參加比賽有特地自行準備材料嗎？

驚嚇

什麼

呃

要用太陽能來烤BBQ？

所以…我現在正在製作能夠飛往太陽的宇宙船啊…

茲茲

茲茲

啊！好燙…

……

太陽的基本資料表

1. 球半徑：7×10^5km
2. 球直徑：大約139萬km（地球的109倍）
3. 體積：地球的130萬倍
4. 質量：2×10^{33}g（地球的33萬倍，占太陽系全體的99.8％）
5. 密度：1.4g/cm^3（約地球的1/4）
6. 溫度：表面為6000℃，內部為1500萬℃
7. 距離：從地球算起距離約1.5×10^8km

 ## 太陽的特徵

所謂的光球指的是用肉眼看起來圓且發光的部分。從表面開始到約300km深度的地層為止的溫度約略為攝氏六千度。在光球表面的米粒紋路是太陽內部能量釋放出來時發生的對流現象所產生的。

光球表面上所呈現的大又暗的花紋是太陽黑子，比周圍溫度還要低約二千度所以看起來較暗。太陽黑子一般來說是以成雙成對出現，且以11年為週期一下變多一下變少，若太陽黑子變多，即代表太陽活動十分活躍。

太陽周邊的強烈氛圍

太陽的大氣是由色球層及日冕組成的。

色球層是指往光球層外約10000km散開的紅色氣層。發生日全蝕的時候，從月亮完全遮住太陽的瞬間開始，數秒之間可以觀察到紅色環狀的色球層。而色球層則逐漸與日冕連接。

日冕是指色球層外的青白色朦朧氣層，只有在日全蝕發生時才觀測的到此現象。日冕看起來就像是太陽的半徑數倍之遠的距離，所延伸出去的一個日暈，有趣的是，它擴張時之範圍可抵達到天王星那麼遠。

從太陽生成的現象中看起來最顯著的是紅焰，為色球層外的火花、火柱模樣的高溫氣體噴出物（高度：大約90萬km），而它在太陽的邊緣附近可以很容易地觀測到其變化。

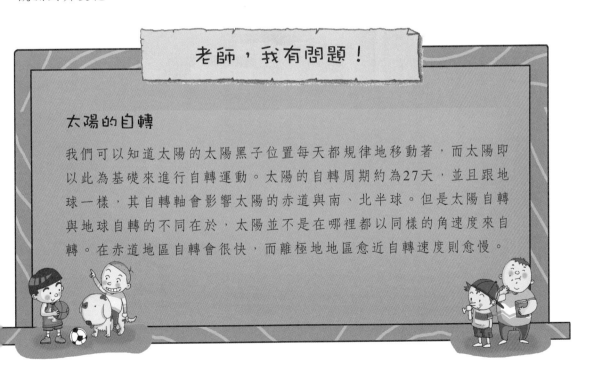

老師，我有問題！

太陽的自轉

我們可以知道太陽的太陽黑子位置每天都規律地移動著，而太陽即以此為基礎來進行自轉運動。太陽的自轉周期約為27天，並且跟地球一樣，其自轉軸會影響太陽的赤道與南、北半球。但是太陽自轉與地球自轉的不同在於，太陽並不是在哪裡都以同樣的角速度來自轉。在赤道地區自轉會很快，而離極地地區愈近自轉速度則愈慢。

教學實驗室 觀察太陽的移動

嘻~果然在海邊悠閒坐著喝果汁才是最棒的！

呼嚕嚕

博士，這實在是太刺激了！你也一起進來玩嘛~超好玩的！

好~等我一下呦！

治宇啊,我們該走囉!趕快上來吧!

嗯?這麼快就要走囉?好可惜喔!

什麼!大事不好了!

天哪!我居然把它一直放在啓動狀態,電池好像都沒電了…

喔?那我們該怎麼辦才好?

我們該不會回不了家吧?怎麼辦?

別擔心!為了避免這種情況發生,我可是事先準備好了太陽能充電系統呦!

呼~好險得救了!

博士…時間都過這麼久了怎麼還不能動呢?

奇…奇怪,怎麼不能充電呢?

太陽馬上就要下山了…還是不能充電嗎?看來今天是回不了家了…

別擔心啦!明天充好電就可以回家了!

對了!為何太陽會下山呢?太陽如果不下山的話就可以好好充電了…

哈哈!就是說啊!明天太陽升起來的話我們來做個實驗看看吧!

隔一天

博士,你在做什麼啊?

東翻西找

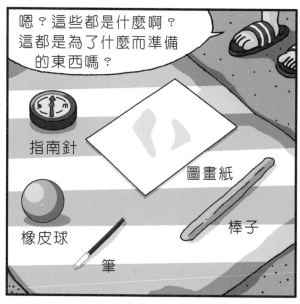

嗯?這些都是什麼啊?這都是為了什麼而準備的東西嗎?

指南針

圖畫紙

橡皮球

棒子

筆

這是要來做觀察太陽移動的實驗。好,首先將橡皮球切成一半,要小心使用美工刀喔!

在8個節氣上標註東西南北後，使緯度方向一致並把它設置在運動場這樣的地方

哇～原來是這樣！

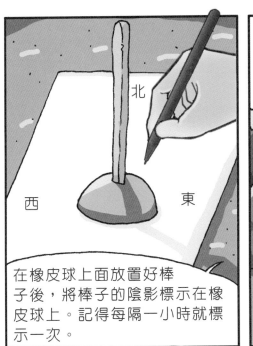

在橡皮球上面放置好棒子後，將棒子的陰影標示在橡皮球上。記得每隔一小時就標示一次。

太陽下山後觀察標誌在橡皮球上的點，就可以了解太陽的移動方向囉！

真的嗎？

博士，可是…實驗做是做了但太陽又下山了耶…

啊…還沒充電…我們何時才能回家呢？

超強的太陽能是如何製造出來的呢？

太陽會藉由氫氣的核融合反應來放出能量。四個氫氣的核進行融合後生成一個氦原子核與能量。這反應發生於1000萬K以上的高溫核裡。

 ## 喔！令人感到刺眼的太陽光

可見光

可見光指的是我們眼睛能看得見的光線。可以看得到紅色、橙色、黃色、綠色、藍色、靛色、紫色等，它們占了太陽光的大部分。在這當中紅色光的波長為780nm而紫光波長則為380nm，從紅色光開始愈往紫色光方向的波長愈短。

紅外線

紅外線是比紅色光波長還要長的光線，西元1800年英國的赫雪爾（Friedrich William Herschel, 1792~1871）最初發現了比光譜中的紅光波長還要長的光線具有很大的熱效果。紅外線常用於住宅及建築材料、廚房用具、石油‧衣類‧寢具類、醫療器具、汗蒸幕（一種韓國的傳統三溫暖）、氣象預測等許多方面。

紫外線

紫外線是指比紫色光的波長還要短的光線，其幾乎都會被大氣中的臭氧層給吸收。紫外線雖然具有殺菌、螢光作用，但是長時間暴露在此光線下的話會有曬傷及患皮膚癌的危險。

X光

X光是比紫外線波長還短的光，常用於物質研究、實驗、醫療等方面。

伽瑪射線

伽瑪射線是比X光波長還要短的光線，常用於癌症治療上。

電波

電波的波長比紅外線長，常用於電氣‧通訊或天體觀測上。

製作人工太陽

以人工方式製造太陽是一件可行的事嗎？這該如何進行呢？在1985年當時蘇聯的書記長戈巴契夫（Mikhail Sergeyevich Gorbachyev）與美國總統雷根（Ronald Wilson Reagan）將製造人工太陽這件事拿出來討論，終於在2006年11月包括韓國的世界七國為了製造人工太陽而一起攜手合作。為了得到未來無限且清淨的能源開始了國際核融合實驗（ITER）的建設。

太陽以內部溫度1500萬℃來進行氫氣的核融合反應，而這就是太陽的能源。太陽每秒能生產現今地球上生產出來的總電量1兆倍以上的莫大能源。

此核融合反應能以水當作原料，所以具有無限且高的能源效率。

在地上製造人工太陽並不是一件簡單的事。雖然瞭解核融合的原理，但發電廠能不能如期運轉還是個未知數。ITER的目標是使原子核融合，製造超出核分裂七倍的能源。為了達成這目的，必須要做出能夠裝下超過1億℃物質的容器。但是這開發技術仍然是呈現不足的狀態。

ITER開始以後需要經過10多年的研究，並需要許多金錢與人力。因此決定要由許多國家一起來分擔這筆錢，特別是韓國分擔了約10％的額度，預計投入於超傳導體、真空容器及裝配設備與研究人力上。

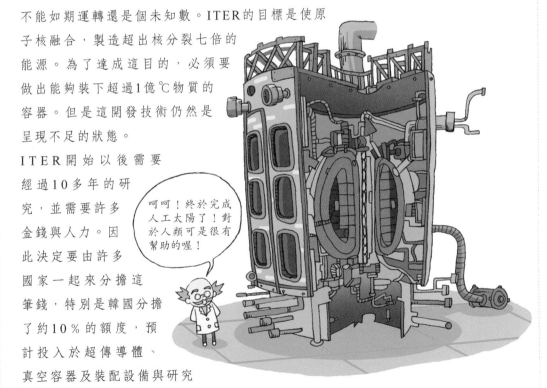

10. 太陽系

太陽的家族
地球與星星

使太陽系發光的行星們

那個…不好意思喔…我有點遲到所以不太了解狀況，請問為什麼冥王星會被剝奪行星資格啊？

嗯哼~

聽說冥王星因為體積過小，所以無法自行公轉喔！

啊~原來！

因為無法符合行星的條件，就必須要被剝奪資格囉？

好~各位請安靜點！

咚

咚 咚

接下來的案件是要選出歷代以來使太陽系發光的美麗行星——

既然這樣，那當然是水星我要出去參賽囉！一直以來都在距離太陽大人最近的地方，輔助著太陽大人呢！

我，金星維納斯，可以說是夜晚天空中最亮的「晨星」！想當然爾是我要出賽！

我，地球，可是孕育了無數的生命體耶！要出去比賽也應該是我啊！

還有我這花花綠綠的火星喔！

呵！說到美麗的極致第一個想到的當然是我的那完美的光環！還有率領了無數衛星的我，土星，當然要參賽囉！

太陽系指的是在太陽引力作用下的空間領域（或是指在太陽引力圈內的全體星團），它的大小介於60億公里（40AU）到10萬AU之間（Astronomical Unit =AU，天文單位，相當於地球到太陽的平均距離，1AU的距離為1.5億公里）。太陽系裡由一顆恆星（太陽），八顆行星，三顆侏儒行星，數十顆衛星，數千顆小行星，數不清的彗星、流星與行星間的物質等構成。

太陽本身就占了太陽系全體質量的99.866%，剩下的即使合算起來也只占了其0.134%。太陽是太陽系中唯一的一顆恆星。而太陽系裡的所有星體都以太陽為中心進行逆時針方向的公轉。公轉軌道幾乎在同一個平面上，且軌道是距離以太陽為起點的圓不遠的橢圓軌道。

比地球位於更裡面的水星、金星稱作內行星，而比地球外面的火星到海王星等稱作外行星。行星分為地球型行星及木星型行星。地球型行星主要由岩石組成，它包含了水星、金星、地球還有火星。木星型行星則是主要由氫跟氦組成，不但大小比地球還要大，還都擁有光環且衛星數量也很多。它包含了木星、土星、天王星以及海王星。

距離太陽最近的行星　水星

水星是離太陽最近的一顆行星，距離約0.4AU（6000萬公里）且其半徑約為2400公里。水星因為體積小、重量很輕所以沒有大氣存在。而且表面上有許多隕石坑洞跟月球有些相似。因為沒有大氣所以表面溫度的差異極大，白天約430℃晚上則是零下170℃左右。

閃閃發光的行星 金星

我是太陽系小姐美麗的金星！

　　有著「維納斯」稱號的金星，在夜晚天空中除了月亮之外是最亮的一顆星體。金星距離太陽約0.72AU（約1億800萬公里），大小跟質量與地球相似。金星的大氣外圍被濃密的二氧化碳所包圍而用望遠鏡無法觀察到，所以要利用電波或發送探測船來觀察表面。

　　根據觀察結果，金星因二氧化碳的溫室效應，表面溫度接近470℃，大氣壓力也達到了95大氣壓。

　　用探測船觀察到金星表面有著被隕石衝撞的坑洞，有如江一樣延伸的侵蝕地帶、被強硫酸雨侵蝕的地表面、高原以及正在活動中的火山等多樣地形。

據說住著外星人的行星 火星

唉呦～熱死人了！

　　看起來紅通通的火星距離太陽約1.52AU且大小為地球的二分之一。人們認為火星像地球一樣有生命體存在的可能性很高，所以從以前開始就對它充滿高度興趣。但根據探測船的觀察結果，火星是表面由隕石坑洞跟荒涼的沙漠組成的死行星，無法找到任何生命體的蹤跡。火星的兩極是由冰塊跟乾冰組成的極地，且隨著季節變化大小也會跟著改變。火星的大氣由極為稀薄的二氧化碳組成且表面是由紅色沙漠形成。

具有最多顆衛星且體積最大的行星 木星

居然說我的頭是太陽系中最大的？！

木星是太陽系裡最大的行星且半徑約為地球的11倍。木星表面能看得到如地球兩三倍大小的橢圓大紅點，這浩大的大氣漩渦現象數百年間持續的被觀測著。木星的大氣由氫（H_2）、氦（He）、氨（NH_3）、甲烷（CH_4）等組成，推測它表面呈現液體或氣體狀態。木星擁有許多衛星，特別是伽利略利用望遠鏡第一次發現到的四大行星—「木衛三」、「木衛四」、「木衛二」以及「木衛一」是木星衛星中的大衛星群。

神秘的美麗光環 土星

為了維持好身材搖呼啦圈是最讚的喲！

太陽系中第六個行星——土星，半徑約為地球的9倍，軌道半徑約為9.54AU，是次於木星的大行星。土星的周圍被美麗的光環圍繞著看起來很有神秘感。根據航行者號接近土星觀測到的結果得知，土星的光環是由許多小光環組成，組成光環的物質是小至數厘米，大至數公尺的冰塊或岩石組織，且以一秒數公里的速度繞著土星的周圍。土星擁有20顆以上的衛星，表面上許多的線紋路跟木星一樣是因大氣運動而發生的現象。有趣的是，土星的平均密度約每平方公分0.7公克，比水的密度還要小。

在遠處發光的綠色行星　天王星

唉呦～我的肚子啊！

噗噗噗～

天王星的大小約是地球的4倍，距離太陽約19.2AU且用肉眼觀察不到必須使用望遠鏡。天王星在1981年被赫歇爾爵士發現，大氣成分中因含有沼氣所以用望遠鏡觀察時看起來會呈現綠色。而且因為自轉軸的軌道面很平坦看起來會呈現圓形。

雖然離太陽最遠但因為有衛星而不寂寞　海王星

在太陽系裡即使離太遠最遠卻一點也不寂寞!!

海王星距離太陽約30AU，半徑約為地球的4倍。航行者2號在1989年靠近時照到的照片裡可以看到閃亮光環的海王星面貌，且可得知它擁有8顆衛星。海王星的赤道附近發現有一顆直徑約3萬公里的大暗點，這是隨著大氣迴轉運動所發生的現象。

知識停看聽!

木星型行星V.S.地球型行星

行星根據大小及密度可分為木星型行星與地球型行星。地球型行星是指比火星還要更接近太陽的水星、金星、地球及火星，主要是由岩石塊凝聚而成的。大小都很小、自轉速度慢且衛星數少。

而木星型行星則是指比木星更居於外圍的木星、土星、天王星及海王星等行星，主要由氣體聚集而生成的。大小都比地球大且由氫、氮、冰塊等較輕的物質組成，各個都擁有光環。

教學實驗室　製作太陽系行星的模型

你這邪惡的龍！正義的使者在此，還不快把公主殿下交出來！！

呵…真是可笑的傢伙！有勇氣不知好歹在我面前耍嘴皮子！

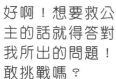

好啊！想要救公主的話就得答對我所出的問題！敢挑戰嗎？

那麼我要出題囉！以地球為基準，利用下列幾樣物品將這表格把太陽系的行星依大小順序都給排列出來！

行星	半徑	行星	半徑	行星	半徑
水星	0.4	火星	0.5	天王星	4.0
金星	0.9	木星	11.2	冥王星	3.9
地球	1.0	土星	9.4		

哼！為了公主當然要挑戰啊！放馬過來吧！

手球　黏土　氣球

棒球　珠子　豆子　網球

如果答不出來的話，你也會變成我的食物，知道嗎？

沒問題！我願意接受挑戰！

這只是常識而已～

拜託！請不要拋棄我！

侏儒行星——冥王星

冥王星原本是太陽系的行星，但是它的大小跟其他行星相比實在是太小，且在周圍的天體之間占不到中心位置，於是在2006年8月將它歸為侏儒行星一員並把它名字也改為「134340小行星」。而它雖然比月亮小，但仍擁有一顆衛星。

嗚嗚…真倒楣…

體積雖然小，但數量卻很多的小行星

小行星是指繞著太陽公轉的軌道圓直徑達到數十公里的大小不一之天體。主要集中分布在火星與木星之間，其數量約有3000顆左右。

擁有又長又酷尾巴的彗星

彗星具有由冰塊與灰塵組成的核以及包住核周圍的髮狀光，且如果來到太陽附近的話與太陽相反方向的長尾巴是其特徵。它具有一定的周期，且會以橢圓軌道繞著太陽運動。

能夠幫忙實現願望的流星

流星指的是太陽系的小天體碎塊經過地球的大氣層，同時產生因摩擦而擦出火花的現象。而此時天體碎塊燃燒所殘留的東西如果掉到地表上就變成了殞石。

好酷喔！宇宙探測船：探險者（Voyager）號

探險者計劃是美國為了探測木星、土星、天王星、海王星等位於太陽系外圍的巨大木星型行星，在1977年8月發射了探險者2號，而在9月則發射了探險者1號太空船。探險者1號直徑長3.66公尺，裝置了重量達825公斤的兩台攝影機、紅外線偵測器、分光器、提供電力給磁性偵測器與這些機器的原子爐。探險者2號跟1號重量相當而且也裝上了相同的偵測機器。

這裡是探險者號！完畢！

探險者1號經由捷徑接近木星（1979.3）、土星（1980.11），在1990年2月14日把在距離太陽約60億公里遠的太陽系起點上所拍攝的太陽系最後一張照片傳到了地球上。探險者2號結束了木星（1979.7）、土星（1981.8）、天王星（1986.1.24）及海王星（1989.8.24）的探勘後繼續前進，而且預測到了2017年可以到達太陽圈外圍的日鞘（Heliopause）。

藉由探險者號太空船所發送出去的資料新發現木星擁有3個衛星，且得知了土星裡正刮著每秒500公尺的暴風，還有看起來像數千條纖細的線組成的環狀物主要是由冰塊所構成的。

除此之外，還觀測了木星與土星的表面，大氣的組成、溫度、磁場，以及衛星的模樣等。

靠近天王星觀察發現之前所認為的5個衛星後來確定其實是10個。還有，抵達海王星北極4,850公里的上空新發現了6個衛星，且觀察以每秒數百公里的速度移動的漩渦暴風，並將它8,000多張的照片發送出去。

特別是在海王星的衛星崔頓（Trition）裡觀察到噴出低溫物質的火山活動，且推究粉紅色衛星的停滯，期待能夠得到解開太陽系生成的神祕鑰匙。

到達太陽需要多久的時間呢？

哇嗚～

登場

哇賽！好壯觀喔~居然要搭太空船去畢業旅行耶！

喔耶～

「光」1秒可以跑30萬公里！從地球到太陽的距離是1億5千萬公里（1AU），所以以光的速度來跑的話只要花8分20秒就可以到達太陽了喔～這太空船使用了光速技術——極光譜技術喔！

哇嗚～好強喔！你居然連這個也知道，很厲害耶～

太空船即將進到光速的「極光譜技術」模式，請各位繫緊安全帶。

咻——嗚

煞車！

熊熊烈火

要怎樣測量星星的距離呢？

談到測量星星距離的方法，雖然依照想要觀察的天體而有所不同，但是最基本的方法就是依照視差的方式測量。所謂的視差，是指近距離的物體與遠距離的物體位在同樣方向時，觀測者以遠距離的物體為基準來改變左右位置的情形，此時近距離的物體左右位置看起來也跟著改變之現象。第一次觀察星星視差的人是德國的貝塞耳（Friedrich Wilhelm Bessel, 1784~1846），在1838年發表天鵝座的61號星星視差為0.294"（秒）。

若想要觀測視差，需要間隔幾個月且照下天空的照片進行比較觀測。在地球裡，以6個月的間隔來測量星星的視差稱作年周視差，而視差越小，表示星星的距離則越遠。星星的距離是年周視差的倒數。要測量所有星星的年周視差是很困難的，所以用這方法適用於測量100pc以內的星星距離。但是因為大氣的搖動情形非常屬害，所以實際上只能夠測量20pc以內的星星距離。距離最近的星星是毗鄰星（Proxima Centauri），它的年周視差為0.76"，距離則約為4.3光年。

1AU<1LY<1pc？

- 天文單位（AU：Astronomical Unit）：以地球與太陽間的平均距離（1AU）為基準，且主要用於表示太陽系內天體的距離。

  $1AU = 約 1.5 \times 10^8 km$

- 光年（LY：Light Year）：光在真空裡走一年的距離。

  $1LY = 約 9.5 \times 10^{12} km$

- 秒差（pc：Parsec）：年周視差以角距離1″的距離（1pc）為基準。

  $1pc = 20萬6265AU = 3.26LY$

是大的星星比較亮？還是近的星星比較亮？

星星的亮度在西元前約2世紀首次由希帕庫斯（Hipparchos, BC 160?~BC 125?）標誌完成。他將大約1000多個星星依據亮度分成5個種類，把最亮的星星標為1等星，而最暗的星星則標為6等星。1等星與6等星之間的星星依照它們的亮度分成2、3、4、5等星。現今為了正確地測量星星亮度已有更加精密的等級標示。

研究眼睛所看到最亮的星星（1等星）與最暗的星星（6等星）之間的亮度差異的博克森（Norman Robert Pogson, 1829~1891），他發現了1等星比6等星還要亮100倍的事實，因此一個等級約略為2.5倍的亮度差異。

如果比1等星還亮的話則標誌為「0等星」，如果還又更亮則標為「－」。最亮的星星大犬座的α星——天狼星是－1.5等級，滿月約為－14等級，而太陽則是－27等級。這等級是由我們眼睛看得到的亮度基準所定的外觀等級。

星星依照星星距離的不同亮度也跟著不同，而在遠處的星星看起來更暗。所以要假設所有星星都位在同樣的距離（10pc）上且決定亮度後才能夠準確地知道。這就稱為絕對等級。

隨著溫度不同而改變的星星顏色

把夜晚天空的星星就這樣直接擺放上去的話，可以知道每個星星的顏色都不一樣。而星星顏色的不同是因為星星表面溫度不同所導致。

顏色越接近藍色的星星表面溫度越高，而越接近紅色的星星表面溫度則越低。藍色星星表面溫度為5萬℃，青白色星星表面溫度為2萬5000℃，白色星星為1萬℃，黃白色星星為7000℃，黃色星星為6000℃，朱黃色星星為5000℃，還有紅色星星則是3500℃。

星星表面溫度越是降低，會由藍色依順序變成白色、黃色及紅色。

博士，剛剛外星人想要用光速逃跑，難道光速真有那麼快嗎？

治宇啊！你知道為何星星是一閃一閃的嗎？

不知道耶！那是為什麼呢？

那當然囉！光速可是相當快的！以光的速度到達太陽只需花8分20秒耶！

呵呵！好，那我們做個實驗看看吧！需要準備的東西有下列這些~

錫箔紙　手電筒　玻璃碗　筷子

首先把錫箔紙弄皺後鋪在桌上

然後再把裝有半碗水的玻璃碗放在錫箔紙上

治宇啊！去把燈關起來，室內要維持黑暗才行！要用手電筒來照玻璃碗。

是！關起來了！

治宇啊~你自己試一次看看吧！持續用手電筒照然後一邊用筷子輕輕地撥一下水

30cm

好，知道了。不知道會出現什麼結果呢？

149

廣大的宇宙零瑕疵

即使有氣體或灰塵仍然美麗的星雲

　　存在於星星之間的氣體或灰塵，大量聚集在一個地方看起來像雲的東西就叫作星雲。這氣體的所有星雲依照發出亮光方法的不同，可分成發射星雲、反射星雲及黑暗星雲。

　　首先，發射星雲是指從近距離的高溫星星裡發射的各種氣體再結合的過程中自行發光的星雲，例如獵戶座大星雲或水瓶座的行星狀星雲。

　　反射星雲則是指從很久以前爆發的星星裡掉出來的氣體，形成尾巴形狀且接受殘留在中心的星光再反射的星雲，其代表性的例子為射手座的亞米茄星雲。

　　黑暗星雲是濃的氣體或塵埃聚集起來，將星光阻絕住使其看起來比周圍暗的星雲，包括了獵戶座的馬頭星雲。

星間物質

我們容易會認為星星與星星間的廣大宇宙空間是屬於真空狀態。但實際上，天體的小碎塊或氣體等會淺淺地擴散開來，而這些東西就叫作是星間物質。

黑暗星雲（獵戶座星雲、馬頭星雲）

女巫頭星雲

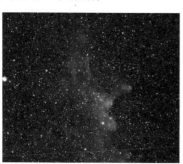

發射星雲（獵戶座大星雲）

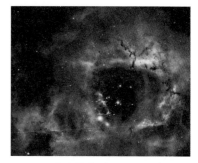

玫瑰星雲（NGC 2237）

越是聚集越發光的星群———星團

　　星團是指雖然比銀河小但是由許多顆星星聚集而形成的星團，且隨著聚集在一起的星星種類與型態可分成疏散星團與球狀星團。

　　疏散星團是由數十個或數百個星星相對較稀疏地聚集而成。主要由高溫的藍色星群（年輕的星）組成，其包括了M45昂宿星團（金牛座：昂星）、畢宿星團、鬼宿星團（巨蟹座）等。

　　球狀星團是由數萬個或數十萬以上的星星緊湊地聚集而成。其樣子為球狀，主要由低溫的紅色星群組成，其包括了武仙座的球狀星團、獵犬座的球狀星團等。

M45昂宿星團（疏散星團）

球狀星團

 ## 宇宙是真空的嗎？

　　曾經有許多科學家一度深信宇宙是真空的。想當然宇宙對住在地球上的我們來說是真空的沒錯，但即使是那樣星星與星星之間真的什麼都沒有嗎？

　　在清新的夜晚與起霧的夜晚中比較一下都市的夜景。比起清新的夜晚，在起霧的那一天位在遠處的路燈會看起來更暗。萬一觀測者不知道有起霧的話，會覺得路燈實際上是位在更遠處。這樣的游離現象對於越是越遠的東西會越明顯。依據此原理，天文學家羅伯特·特朗普勒（Robert Julius Trumpler, 1886~1956）主張我們銀河系星星與星星之間存在著會擋住光亮的東西即可將其稱作是星間物質。

12. 我們的銀河・黑洞・大爆發說 地球與星星

要玩玩宇宙的猜謎遊戲嗎？

嗯…如果能搭這超酷的太空船玩遍宇宙,那該有多棒呢?

各位,請注意聽!

各位難道不好奇,以前的人連個太空船都沒有,那他們對於宇宙有著什麼樣的想法呢?

西元1900年代有位叫作布魯諾(Bruno)的義大利科學家,

布魯諾首次主張在無止盡的宇宙裡有滿滿的星星,且星星周圍有繞著它轉的行星,而其他星球上還住著有生命跡象的生命體。

在別的星球上應該有住著其他生命體!

我說的都是事實！！

但在當時的年代，普遍認為是神所創造萬物，於是他最後被處以焚刑

現在呢～我們已對宇宙擁有無數顆星星、且星星散布於宇宙各處的事實都非常了解！

哇～那個科學家好偉大喔！好酷喔！

嗯！超勇敢的！

那我也要來好好認真念書！

至今尚未解開的宇宙之謎就等我來發現吧！

既然這樣上課時間就不要給我打瞌睡…

 銀河

　　所謂的銀河，是指數千億個星星聚集而成的絲帶模樣巨大集團，其包含了大量的宇宙灰塵與氣體。

　　在銀河中，屬於擁有我們地球的太陽系的銀河就是「銀河系」。有關銀河系大小，其直徑寬度為10萬光年，中心厚度為1.5萬光年，從旁邊看的話中間為鼓起的半圓，從上面看下來的話是為一個螺旋手臂糾纏著漩窩的棒狀螺旋銀河。

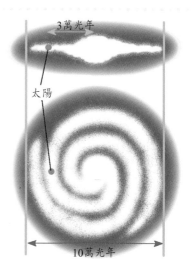

3萬光年

太陽

10萬光年

　　銀河系大約是由2000億個星星、星團與星雲等構成的，且在那之中的太陽位在距離銀河中心約3萬光年的邊緣上。

　　在我們銀河之外還有大約1000億個的外部銀河，在那之中最被人所知的仙女座銀河是螺旋狀銀河，其直徑寬度約為30萬光年，而與我們所居住的銀河系距離約為200萬光年。

 星系群與星系團

　　銀河的集團中，由10~50個小規模銀河組成的銀河團，稱為星系群（Group of Galaxies），而由數十到數千個銀河聚集而成的集團，則稱作星系團（Cluster of Galaxies）。其直徑可達到數千光年，而各個銀河都用重力互相接連著。而我們銀河系裡位於35億光年內距離中，約有17個星系團。

　　距離我們銀河系最近的星系團是位在往處女座方向6200萬光年的處女座星系團（Virgo Cluster），約由3000個銀河聚集而成。而比這還要更大由11,000個銀河聚集而成的后髮座星系團（Coma Cluster）是相當有名的星系團。如果調查星系團的分佈的話，有人主張比星系團更巨大的集團形成，並將其稱為超星系團。但是到目前為止對於超星系團的存在並沒有非常確實的證據，仍只停留於提出超星系團存在的狀態而已。

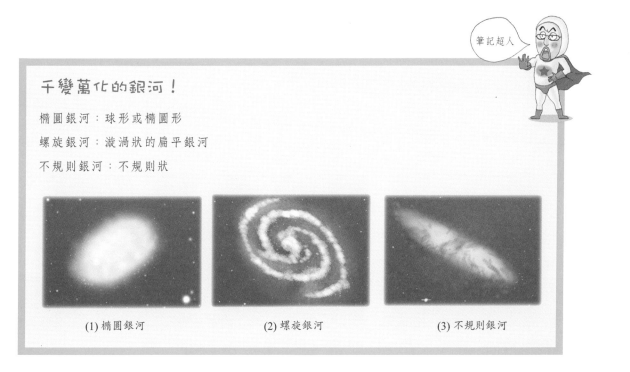

筆記超人

千變萬化的銀河！

橢圓銀河：球形或橢圓形

螺旋銀河：漩渦狀的扁平銀河

不規則銀河：不規則狀

(1) 橢圓銀河　　　　(2) 螺旋銀河　　　　(3) 不規則銀河

一起發現各式各樣的銀河面貌吧！

教學實驗室　　製作銀河系

博士！博士！你趕快過來看一下！

嗯？治宇啊~什麼事這麼慌張啊？

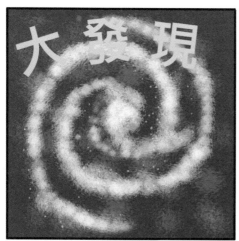

大發現

博士，這長得螺旋狀的東西叫作銀河⋯

到底銀河是什麼呢？

所謂的銀河是指構成宇宙的單位且是一個由數千億個以上的星星、氣體、星雲、黑暗星雲等所組成的集團。我們所居住的銀河就叫作「銀河系」喔！

銀河系（Milky Way）：目前已發現約兩千億個，且陸續增加中。

我們來做個實驗，看看因宇宙大爆發而形成的「銀河系」吧！

要準備的東西有這些～

黏膠

量角器

圖畫紙

圓規

尺

沙子

在白色的圖畫紙上用圓規畫一個半徑為10公分的圓

畫上直線將圓分成12等份後，在圓徑上畫約3公分的同心圓後，從同心圓相對的兩點往下畫與直線垂直的線後，直到把直線連完為止

把畫有螺旋的紙放到投影液晶螢幕片下後，沿著螺旋塗上黏膠

在螺旋上灑上細砂，直到完全乾掉為止

抖掉沙子後不知道會有什麼結果耶？好期待喔！

要如何標示星雲、星團及銀河呢?

梅西耶星表(Messier's catalogue)

　　梅西耶星表是法國天文學家梅西耶(Charles Messier, 1730~1817)觀測了百餘個星雲、星團且將其數據整理並紀錄下來的一覽表。此星表在1771年收錄了45個,到1784年為止載有103個星雲、星團,到了1786年又加上6個,總共計有109個。現在正在使用的M1(蟹狀星雲)、M13(獵戶座球狀星團)、M31(仙女座大星系)等是梅西耶利用他的登錄號碼(符號M)所製作出來的,現今也廣泛地被使用著。

　　「我之所以會下定決心想要完成星雲的星表,是因1758年9月12日觀測彗星時,在金牛座南方牛角的附近發現星雲而開始。星雲在會發亮這點跟彗星很相像,所以為了不隨便搞混發光的彗星與星雲,而一直努力找出相似的東西。所以在搜索彗星中更可以找得到,這就是我製作星表的目的。之後威廉赫歇爾(William Herschel)雖然出版了2000多個星表,但用巨大的望遠鏡來掀掉天空神秘感的工作,對於找尋稀微的彗星上是沒什麼幫助的。因此我的星表與赫歇爾不同,這是僅需60公分長的望遠鏡就可以看到的星雲星表。

　　為了能夠更容易認出我所新發現的星雲,且找出位置不確實的彗星,故打算以赤經的順序來發刊。」

NGC星表

　　這是19世紀英國的德雷耶耳(J. L. E. Dreyer)在1888年所編輯的星雲、星團星表。NGC是威廉赫歇爾與他的兒子經過此兩代擴充並整理所紀錄、製作的5,100個星雲、星團,此為德雷耶耳出版的《New General Catelogue》一書的字首縮寫。

　　這NGC星表包含了外部銀河系的星雲,一共收錄所有7,840個星雲、星團。現在提到星雲時一般來說會查詢這星表,但是因為有像是M25一樣被漏掉的東西,所以在1894年與1908年彌補其不足後發表了「Index Catalogue」與「ICⅡ」。

為什麼被稱為黑洞呢？

我們可以看得到物體是因為光反射在物體上後進入到我們眼睛的關係。不反射光的物體在我們眼睛看起來會是黑暗的。重力是按照物體質量的大小成比例，因為有質量相當大的天體，所以當重力相當強大的話就連最快的光都會落後而無法離開。在宇宙某處裡有這樣的天體的話，我們看不到從那天體發出來的光所以看起來會黑黑的。這種黑暗的天體就稱作是黑洞（Black Hole）。

黑洞是如何形成的呢？

星星死掉時發生大爆炸，依據質量大小的不同，命運也跟著不同。太陽這種質量大小的恆星爆發時會變成一個叫作是白矮星的小天體，且比太陽質量大15倍以上的星星會變成黑洞。

靠近黑洞會發生什麼事呢？

萬一太空人走到黑洞附近的話會發生什麼事呢？

如果靠近黑洞的話，應該會被撕裂開來。因為重力的差異相當大，所以太空人走過去時在腳底作用的重力與在頭上作用的重力差異很大，因此身體會被撕裂（但是並無人能夠準確預測結果）。太空人在黑洞附近移動1秒的話，在遠處觀看的我們會覺得他好像動了幾年一樣。如果使太空人站在黑洞與宇宙的界線（我們所假想的地平面）的話，看起來則會像靜止一樣。另外，據說黑洞也有可能散失不見。

還有一種關於白洞的有趣論點——白洞說。所謂的白洞是指被黑洞吸進來，不管是哪裡總會有個出口，將其吐出至某處，但這假想的天體目前只是無法被證明的傳言。

被黑洞吸進去的機體實際照片

13. 雲・雨

天氣與我們的生活
天氣預報
大氣與水循環

互看不順眼的雲

嘩啦啦一

摔角體育館

啊！好熱喔~

為什麼每年一到夏天下了梅雨就會這麼濕濕黏黏的呢？

好熱...

你問為什麼會那樣？

需要告訴你理由嗎！

加油～
每年一到夏天的天空…

衝阿～

藍隊代表

鄂霍次克海體育館的冷空氣選手！

紅隊代表

北太平洋體育館的熱空氣選手！

這次我們兩個又對上了呢！

這煩死人的對決，就在今天劃下休止符吧！

雲是如何形成的呢？

雲是指依據空氣的上升運動，空氣中的水蒸氣凝結形成的水珠聚集而成的東西。下方所示為雲形成的過程：

內含水蒸氣的空氣上升→空氣的體積膨脹→溫度下降→達到露點→水蒸氣凝結→雲生成

雲隨著位置不同，構成的物質也跟著不同。下部是水珠與水蒸氣，上部則由冰塊顆粒所組成。還有，雲形成時協助空氣中水蒸氣凝結的物質叫作凝結核，其作用是擔任灰塵、廢氣、空氣的汙染粒子等角色。

形成雲的必要條件有？

雲是依靠空氣的上升運動而形成，所以最重要的是空氣必須上升。那麼空氣又在什麼樣的情況下會上升呢？

當地表的一部分比起其他周邊地區還要熱、沿著山的傾斜面空氣上升、熱空氣與冷空氣相遇、以及由周邊地區開始空氣匯集在同一個地方等情形，都能導致空氣上升。

這只是常識而已～

何謂凝結與露點？
· 凝結：在冷卻的空氣中水蒸氣變成水的現象
· 露點：水蒸氣變成水珠時的溫度

雲的種類可以依據形狀與高度來分類。隨著形狀的不同，可分為上升氣流強時會往上冒的積雲，以及上升氣流弱時往旁邊寬廣地散開的層雲。

還有隨著高度的不同，在上層裡卷雲、卷層雲、卷積雲很發達，在中層裡有高層雲、高積雲，在下層裡層積雲、雨層雲、層雲很發達，經過上層與下層垂直發展的則有積雲與積雨雲。

層積雲

灰色或黑色的稍長雲團聚集成層所生成的雲，也叫作綿雲。

層雲

與霧相似的灰色雲在地表附近聚集成層，也叫作霧雲。

卷雲

　　由細束組成的白雲，又叫作鳥毛雲。

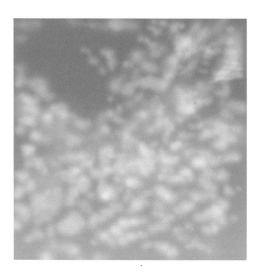

卷積雲

　　小又白的雲團會排列成魚鱗狀或水波紋，又叫作鱗雲。

卷層雲

　　好似一塊薄白布在天空散開的雲，常產生月暈與日暈。

高積雲

　　雲團排列成有如羊群，比卷積雲還具
立體感。

高層雲

　　由灰色或深灰色紋路組成的面紗散布
於天空，如果變厚的話會下雨或雪。

雨層雲

　　不規則樣貌的黑灰雲層，會下毛毛雨
或雪。

積雲

頂端是圓的，底端為平平的模樣，常出現於夏天晴朗的午後天氣。

積雨雲

模樣雖然與積雲相似，但是雲團呈現山或塔狀。也叫作驟雨雲。

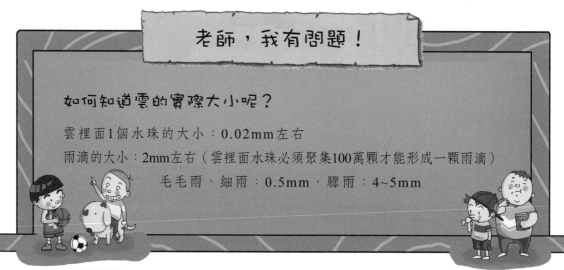

老師，我有問題！

如何知道雲的實際大小呢？

雲裡面1個水珠的大小：0.02mm左右

雨滴的大小：2mm左右（雲裡面水珠必須聚集100萬顆才能形成一顆雨滴）

毛毛雨、細雨：0.5mm，驟雨：4~5mm

雨和雪是如何形成的呢？

首先，從雲變成雨和雪的方法有冰晶說與合併這兩種說法。「冰晶說」是解釋在溫帶地區與寒帶地區的雨和雪形成過程的理論，此理論說明了在雲裡面水蒸氣凍成冰晶（小冰塊顆粒）後漸漸變大、變重而落下的東西即為雪，若下到一半就融化的話則形成雨。倘若兩者同時出現就稱之為「冷雨」。

相反地，「合併說」是解釋熱帶地區雨形成過程的理論。在雲裡面的小水珠附著於大水珠而漸漸變大、變重所落下即稱作是「暖雨」。

除了雨和雪之外，雨雪交雜是指冰晶落下的期間有一部分會融化，有一部分會變成冰晶落下，之後雨和雪混合一起落下。另外，冰雹是指在強烈上升氣流的雲裡面，冰晶下降與上升運動反覆進行而擴大形成的東西。

製造天氣的巨大空氣氣團

所謂的氣團是指氣溫與濕度相似的空氣團，隨著發生地區的不同也會有不同的特質。依據氣溫差異可區分為熱帶性、寒帶性，依據濕度不同可區分為大陸性、海洋性。

氣團如果經過性質不同的地區，會一邊進行地面與熱或水蒸氣的交換，並改變它原有的性質。

就韓國的情形來看，夏天雖然是由北太平洋氣團所支配，但是在梅雨開始前可能也會受到鄂霍次克海氣團的影響。另外在梅雨季時，鄂霍次克海集團與北太平洋氣團混合也會有所影響。在那之外的季節裡受到西伯利亞氣團的影響亦不容忽視，尤其在冬天，經過西伯利亞到朝鮮半島將會產生直接的影響。

知識停看聽！ **韓國附近的氣團**

春、秋：揚子江氣團（高溫乾燥）
初夏：鄂霍次克海氣團（寒冷多濕）
夏：北太平洋氣團（高溫多濕）
冬：西伯利亞氣團（寒冷乾燥）

哇~好好吃喔！如果每天都可以吃到棉花糖該有多好！

咦？天上的雲長得好像棉花糖喔！該不會也可以吃吧？

嗯…突然好好奇喔！趕快去問問博士好了！

博士~我來找你了~

治宇你來啦！趕快找位子坐下，你找我有什麼事嗎？

我有一個問題，天上的雲長得跟棉花糖好像喔！那它味道也是甜甜的嗎？

嗯？什麼？

我們親自實驗做做看雲就知道了啊！

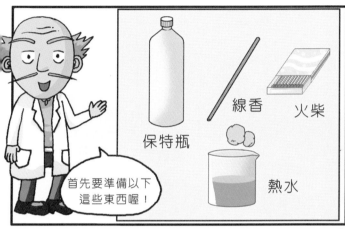

首先要準備以下這些東西喔！

保特瓶　　線香　　火柴

熱水

在保特瓶裡注入一點點熱水後，再放入些許的香煙，接著好好關上蓋子，

呱！

好！那麼現在用手出力擠壓保特瓶的瓶身後，再使它鬆開回到原本體積。

嗯？保特瓶裡面好像出現什麼東西耶！

如此便製造出雲囉！

哇嗚~真的嗎？我要來試試味道是不是甜的！

天哪⋯雲可不是棉花糖啊！

14. 氣壓與風

氣溫與風
天氣預報
大氣與水循環

為什麼感覺不到氣壓的存在呢?

當我們搭飛機離開陸地，或是爬到海拔高的山上時，耳朵會產生耳鳴，那就是因為氣壓差的關係喔！

對耶~飛機離開陸地時耳朵就會嗡嗡叫耶！

高度愈高、氣壓就會越低，所以我們身體可以明顯感受到氣壓的變化。

喔~難怪天氣預報的播報員姐姐會提到高氣壓、低氣壓的。風是從高氣壓吹向低氣壓、從空氣多吹向空氣少的地方對吧？

高氣壓…
低氣壓…

高

低

沒錯~哇塞…治宇現在真是愈來愈聰明了呢！

嘿嘿！這都是博士的功勞啊！

空氣的重量 —— 氣壓

　　所謂的氣壓，是指作用於地表單位面積的空氣重量，其作用於四面八方。但是愈高的地方空氣的重量會愈減少，所以高度愈高氣壓會愈低，當高度每增加5km，氣壓就會減少約一半的量。另外根據時間與場所的不同也會有所差異。

 ## 讓肉眼可以看見氣壓——托里切利實驗

　　在只有一邊穿洞、長1m的玻璃管裡，先灌入滿滿的水銀，並將沒有被堵住的那一端垂直地放進水銀容器裡。這麼一來，玻璃管裡的水銀會流下來且會在約76cm的高度上停止不動，這就是依靠大氣壓力的作用，而管上方空的部分就是真空狀態。托里切利（Evangelista Torricelli, 1608~1647）透過這實驗發現了真空現象，以此來解釋大氣壓力。

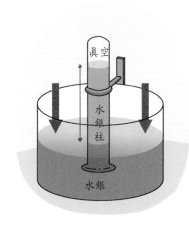

　　水銀柱的重量跟大氣壓力保持平衡，且水銀柱高度維持在76cm的地方。

　　水銀柱的重量＝作用在水銀面上的重量

　　　　　　　　＝撐住水銀的力量

老師，我有問題！

氣壓跟我的體重一樣也是以幾公斤（kg）來算嗎？

　　氣壓可以用水銀柱或水銀的高度來計算。一般是使用hPa（hectopasca）這個單位來表示。1hPa的壓力是指1000dyn的力量作用於$1cm^2$面積上所使用的壓力。總結來說，氣壓的單位有cmHg、mmHg、hPa N/m^2等。

高氣壓並非單指氣壓大的東西，而是指跟周圍相比空氣壓力較大的部分。低氣壓也不是代表氣壓小，而是跟周圍相比空氣壓力較小的部分。空氣是高氣壓往低氣壓移動，所以移動時就會產生空氣的流動（風）。

　　另一方面，高氣壓是在上層空氣匯集而產生下降氣流。當下降的空氣從地面往四面八方擴散，在北半球裡因地球自轉而產生的科氏力，將會使空氣以順時針方向邊轉邊吹。

　　相反地，低氣壓是在地面的空氣會以逆時針方向旋轉，並且一邊匯集一邊往上升的上升氣流。

　　由於低氣壓會使下方的空氣團上升，所以水蒸氣凝結形成雲且天氣會變陰。而高氣壓則會讓下降氣流所生成的雲消失，天氣就會變得晴朗。因此，我們可以說在高氣壓裡天氣會晴朗，而在低氣壓裡天氣會變陰。

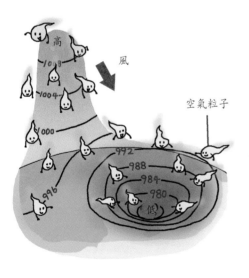

教學實驗室　　單手折斷竹筷子

碰！

天哪…差點就命喪黃泉了…
治宇啊~你沒事吧？還活著嗎？

到底為什麼博士每
次發明的東西都會
掉下來啊？

嗯…真是奇怪…不
可能會這樣啊…

我再也走
不動了！

快死了！

呼呼

撲倒

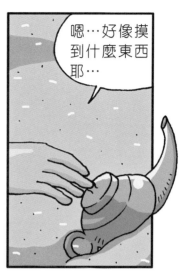

嗯…好像摸
到什麼東西
耶…

嗯？怎麼會是
茶壺？居然在
沙漠中…

・・・・・・・・

哈哈哈！不可能吧…拜
託～
我怎麼會想到那個…

摩擦

碎！

啊！什…什麼
啊？

什…什麼…根本就不可能啊！太過份了…

嘻！治宇啊！這問題就交給我吧！

將整張報紙對折平放於桌邊，竹筷夾於報紙中間，

看我的！

慢慢地按壓竹筷時，目前沒有發生任何事吧！

但是這樣快速且用力地敲打竹筷的話，筷子就會斷掉了！

哇嗚~只用一隻手就弄斷了耶！喔耶！終於可以回家了！

喔！很厲害嘛~我就幫你們實現願望吧！

哇嗚~博士好酷喔！哈哈哈~

呵！沒什麼大不了的啦~

可怕的低氣壓颱風

　　颱風（Typhoon）是指從北太平洋西部發生的熱帶性低氣壓裡，中心附近還伴隨著最大風速為17m/s以上的強大的暴風雨。

　　颱風通常發生於緯度約5度附近之海面、且水溫約27℃以上的溫暖海洋。

　　當急邊加熱的空氣重量變輕，將會在該地區產生低氣壓，此時低氣壓旋轉的逆時針小漩渦形成了颱風的雛型。而空氣往這漩渦中心吹進去，在中心裡空氣一邊匯集往上升並一邊產生風。還有，在海洋的空氣包含了許多水蒸氣，所以空氣上升的話會發生凝結現象而形成許多雲。

　　這樣發生的熱帶性低氣壓，會隨著周圍空氣的狀態等的不同而隨之消滅，或發展成為颱風，而颱風會透過各式各樣的路徑慢慢地移動到高緯度地區，然後逐漸減弱消失。

　　此時，使颱風能持續激烈運動的能源就是水蒸氣凝結過程中所釋放出的熱。

 ## 感受一下氣壓差吧！

　　媽媽在家裡整理棉被或冬天衣服等較大體積的東西時，很常使用壓縮塑膠袋來裝。將厚棉被裝入壓縮塑膠袋裡，用吸塵器把壓縮塑膠袋裡的空氣都吸出來的話，內部空氣一邊消失的同時可以發現棉被的體積被縮得很小。

　　把熊娃娃放入壓縮塑膠袋裡，試著將內部空氣都吸光吧！熊娃娃會變怎麼樣呢？

　　放入塑膠袋的熊娃娃內部與其外部都有空氣。把熊娃娃放進去時，內外空氣的壓力相同所以熊娃娃不會有什麼改變。但是如果用吸塵器將內部空氣吸光的話，塑膠袋內部與外部會產生壓力差，壓力較大的外部空氣擠壓了熊娃娃所以熊娃娃才會被壓扁。

莎拉跟梅米誰厲害？

　　颱風因為可以持續一個星期以上，在相同的地區同時可以有一個以上的颱風存在。此時為了不混淆所發佈的颱風警報，而將颱風命名方便辨識。

　　將颱風取名字這件事是1953年在澳洲的氣象預報館所開始，當時澳洲的氣象預報館將自己討厭的政治家的名字取作是颱風的名字，在第二次世界大戰後，美國空軍與海軍裡便正式開始為颱風命名。久而久之，隨著這樣的傳統到1978年為止，颱風名稱都使用女性名字，不過後來就逐漸交替使用男性與女性的名字。

　　2000年開始，亞洲颱風委員會裡的亞洲各國人民遂漸對颱風之影響力感到不容小覰，為了加強對颱風的警戒性，而將西洋式的颱風名字改為亞洲地區14國的固有名字來使用。

　　例如韓國有Kaemi（螞蟻），Nari（百合），Changmi（玫瑰），milinae（銀河），Noru（狍鹿），Chebi（燕子），Noguri（狸），Koni（天鵝），Megi（鯰魚），Nabi（蝴蝶）等颱風名字，在北韓也有Kirogi（大雁）等10個颱風名字，以固有韓文取的名字愈來愈多。

 這只是常識而已～

颱風眼

颱風中心的風較弱，可以看得見藍色天空的地區稱之為颱風眼。其大小一般高度為15km，直徑約為30~50km，外型大致上為圓形，但也有些是橢圓形的。

颱風眼就在這裡！

為什麼海水是鹹的？

啊…原來死是這種感覺…真是精采的一生！

先生~請醒醒啊~

水喝太多了嗎？

喔！現在精神狀況還好吧？

請問這…這裡是天國嗎？

不是呦！這裡是龍宮！

地球的表面有71％是海，其餘則是陸地。而在地球上的水幾乎有97.2％為海水。那麼其餘的水是什麼呢？

地球上其餘的水主要為冰河、地下水、江、湖水還有水蒸氣。冰河占了陸地大部分的水，因此分布範圍相當大。

在這之中，水蒸氣雖然只占地球上的水約0.001％，但其重要性卻非常大。也就是說，水蒸氣在引起地球的氣象現象時擔任了重要的角色。

區分		水的分布（％）
海水		97.2
陸水	冰河	2.15
	地下水	0.62
	江與湖水	0.03
水蒸氣		0.001

在海水裡含有哪些物質呢？

　　溶於海水中的氯化鈉、氯化鎂、硫酸鎂等物質統稱為鹽類，而溶於海水1kg的全體鹽類的量（g）稱作是鹽分。鹽分以千分率，也就是以（‰）來表示，且海水的平均鹽分約為35‰。究竟這35‰具體來說包含了哪些東西呢？

鹽類	質量
氯化鈉	27.1g
氯化鎂	3.8g
硫酸鎂	1.7g
硫酸鈣	1.3g
其他	1.1g
合計（鹽分）	35g（35‰）

　　使這些鹽類物質溶於海水中的方法，包括有往海裡流的河水、地下水，其溶化後於陸地上而形成的物質，或海底火山爆發所產生的火山氣體有部分溶進海水中，抑或是大氣的成分透過雨或雪的形式溶進海水裡。

 這只是常識而已～

一模一樣的鹽分比例

海水中的鹽分雖然隨著測量場所的差異而影響結果，但各個鹽類占的比例通常是固定的，其稱之為「鹽分比例固定準則（law of the regular salinity ratio）」。鹽分比例無論在哪裡都固定的原因，是在於海水持續移動的同時也正進行均勻混合的緣故。

博士…不管怎麼樣來到無人島實在是…

拜拜~慢走啊~

為什麼偏偏要來無人島啊？而且還那麼遠？

別的海水浴場不是人又多又複雜嗎？怎麼樣？這裡安靜又乾淨吧

隔一天

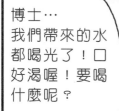

博士…
我們帶來的水都喝光了！口好渴喔！要喝什麼呢？

呵呵~終於到了這時候了啊！

治宇啊！我們在這島上探個險找一下水吧！

嗯？這個島嗎？

在這個島上會有我們可以喝的水嗎？

這個嘛…仔細找找看應該會有吧？

哇～是水耶！終於找到了！

啊～口好渴喔！趕快來喝一口！

啊啊～～！好鹹喔！！

呸呸

193

博士，這又不是海水，怎麼也會那麼鹹呢？雖然說好像沒比海水鹹就是了…

呵呵~那麼水究竟鹹還是不鹹要不要一起做個實驗看看呢？

那麼先來做做看簡易鹽度測量器吧！

嗯？簡易鹽度測量器？

要準備的東西有下列這些喔！

麵粉

玻璃杯

磅秤

高粱桿

圖釘

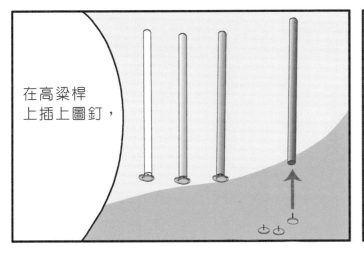

在高粱桿上插上圖釘，

由於圖釘很尖銳，在插的時候要特別小心喔！

在不同鹽水濃度的各個杯子裡貼上A、B、C、D，並且把高粱桿放進去。

那麼高粱桿浸泡的高度會有什麼變化呢？

嘿嘿~會變得怎麼樣呢？

對了！博士，水裡面如果含鹽的話會比較容易飄浮起來嗎？

那裡因為水裡鹽分含量高，光是在水裡不動就可以輕鬆地浮起來喔！

哇嗚~鹽的威力真的很厲害耶！

那當然囉！地中海附近有個叫作「死海」的海，

195

是火山製造了海水的嗎？

海水在地球占約14億km³。海水是由地球內部的氣體排放，即火山活動而製造出來的東西。

因火山活動的關係熔岩與水流到地表上來，此時大量的水以水蒸氣與雲的形式散發到外部來。以現在的火山活動比例和之前的數據來計算，可得知過去地質時代噴出到地表上的熔岩總體量用來填滿現今的海洋，其包含了充分的水蒸氣量。這樣從大氣跑出來的水蒸氣凝結成水，變成雨或雪降落到地表上，而這水會往地表上低的地方流去且囤積形成海洋。

在地表上水出現的同時，岩石的風化會變快，且構成礦物的元素溶解於水中變成鹽類留在海水裡。

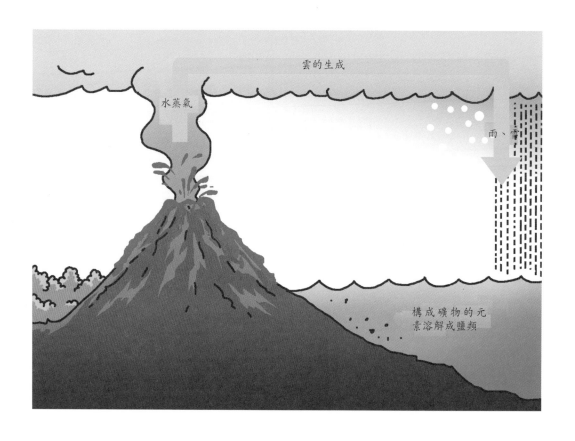

死海這麼鹹卻也是湖水？

死海是範圍擴及以色列與約旦的湖水。

位在陷落的地溝帶的死海，其湖水面比地中海的海水面還要低398m，所以它被紀錄為地表上的最低點。而死海的水不往海裡面流，是往北部的約旦河裡流去。

因氣候乾燥水蒸發的程度相當於約旦河河水的流入量，表面附近的鹽分比例約為200‰，較深的地方鹽分含量更高到約300‰。因此除了到達約旦河河口附近以外幾乎沒有生物生存，後來這湖就被稱作是死海。

不過死海也擔任了儲藏豐富礦物資源的角色，且有許多對於人體有用的礦物溶於水中，所以也有人會使用這地方的泥作為治療。

世界最深的海在哪裡呢？

目前世界上最深的海是馬里亞納海溝（Mariana Trench）的裴查茲海淵（Vityaz deep），水深約為1萬1034公尺。而第二深的海則是水深1萬863公尺的挑戰者海淵（Challenger Deep）。

丹麥的Galathea號在1950~1952年探勘馬里亞納海溝的結果中發現了海葵或海參等生物的存在。大部分的深海探勘人是無法直接下去的。

海溝：在深海地裡外形窄長且深陷進去的海底地形。

海淵：是在海溝中準確地顯露出來的地方。一般來說，會以探勘其海淵的探測船的名字來取名。

經典永恆・名著常在

五十週年的獻禮——經典名著文庫

五南，五十年了，半個世紀，人生旅程的一大半，走過來了。

思索著，邁向百年的未來歷程，能為知識界、文化學術界作些什麼？

在速食文化的生態下，有什麼值得讓人雋永品味的？

歷代經典・當今名著，經過時間的洗禮，千錘百鍊，流傳至今，光芒耀人；

不僅使我們能領悟前人的智慧，同時也增深加廣我們思考的深度與視野。

我們決心投入巨資，有計畫的系統梳選，成立「經典名著文庫」，

希望收入古今中外思想性的、充滿睿智與獨見的經典、名著。

這是一項理想性的、永續性的巨大出版工程。

不在意讀者的眾寡，只考慮它的學術價值，力求完整展現先哲思想的軌跡；

為知識界開啟一片智慧之窗，營造一座百花綻放的世界文明公園，

任君遨遊、取菁吸蜜、嘉惠學子！